广东省名优特农作物品种名录

广东省农业科学院 编

中国农业科学技术出版社

图书在版编目（CIP）数据

广东省名优特农作物品种名录 / 广东省农业科学院编 . —北京：中国农业科学技术出版社，2018. 3

ISBN 978-7-5116-3251-7

Ⅰ. ①广… Ⅱ. ①广… Ⅲ. ① 作物—优良品种—广东—名录 Ⅳ. ①S329.265-62

中国版本图书馆 CIP 数据核字（2017）第 225475 号

责任编辑 崔改泵
责任校对 李向荣

出 版 者 中国农业科学技术出版社
北京市中关村南大街12号 邮编：100081
电　　话 （010）82109194（编辑室）（010）82109702（发行部）
（010）82109709（读者服务部）
传　　真 （010）82106626
网　　址 http: // www.castp.cn
经 销 者 全国各地新华书店
印 刷 者 北京科信印刷有限公司
开　　本 889mm×1194mm 1/16
印　　张 18
字　　数 552千字
版　　次 2018年3月第1版 2018年3月第1次印刷
定　　价 160.00元

《广东省名优特农作物品种名录》编辑委员会

顾　问：邓海光

主　任：陆华忠

副主任：程　萍　黄斌民　易干军

编　委：（按姓氏笔画为序）

万　忠　王　丰　何国威　杨少海　杨志平　陈　庄　陈坤朝　陈琴苓　林青山　罗国庆　黄洁容　曾思坚　曾继吾　程文章　谢大森　操君喜

主　编：万　忠　李伟锋

副主编：林伟君　黄修杰　杨贤智

编写组成员：白雪娜　崔建勋　张辉玲　邹移光　储霞玲　马　力　司徒志谋　刘　凯　洪建军　程俊峰　陈道明

序言

农为国本，种铸基石。种业是国家战略性、基础性的核心产业，是促进农业长期稳定发展、保障国家粮食安全的根本。种业作为农业生产、农产品供给、种植结构调整的起点，是农业供给侧结构性改革的先导产业。

党和国家始终高度重视种业发展。党的十九大明确提出实施乡村振兴战略，擘画了农业现代化建设的新蓝图，指明了新时代“三农”前进的新方向，发出了强农惠农富农的时代强音，预示着我国种业发展迎来了又一个春天。借助国家加快种业发展的政策机遇，广东省坚持把种业作为农业科技进步的关键领域和发展现代农业的主攻方向，大力实施现代种业提升工程，从2013年起连续5年将发展现代种业相关工作列入省政府重点工作，使种业成为全省农业供给侧结构性改革调整的推进者、排头兵。

作为广东农业科技创新的主力军，广东省农业科学院秉持“科技创新、服务‘三农’”宗旨，将种业科技创新摆在科技支撑乡村振兴的关键位置，经过长期积累与沉淀，构建了全省领先的品种选育和技术研发体系，形成了从种质创新、育种新技术、新品种选育、品种示范推广到品种产业化应用的种业科技创新全链条，为我省现代种业发展提供了有力支撑，为全省扎实推进农业供给侧结构性改革、实现乡村振兴积蓄了高质量发展的强大势能。全院共收集保存了农业种质资源4万多份，占全省2/3，规模居华南地区首位；建有水稻、油料、香蕉等国家改良分中心等一批育种科研平台；拥有种业科技创新学科团队40个。“十二五”以来，全院育成通过省级以上审定（鉴定）品种400多个，获得植物新品种权80多个。入选全省主导品种和主推技术数量屡创新高并在全省占据绝对优势。2017年，省农科院品种和技术分别占全省农业主导品种的63.5%、主推技术的77.1%。

为更好地贯彻落实国家和省关于推进现代种业发展的部署，加大力度推介一批具有较大应用前景和自主知识产权的优良农作物品种以及承载岭南文化、体现广东地方特色的农作物品种，受省农业厅委托，省农科院开展了《广东省名优特农作物品种名录》汇编工作。本书由广东省农业厅于2016年立项资助，由省农科院农业经济与农村发展研究所组织编写。本书邀请水稻、旱作、蔬菜、果树、茶树、桑树等行业的领导和专家组成编委会承担具体编写工作。编委会在对全省主要农业品种进行大规模搜集整理和调查登记的基础上，提出入编品种名录；召开专家研讨会，邀请省、市相关行业专家以及熟悉种业的省农业厅领导、各地市农业局主管人员参加，对编写方案和入编品种进行分组论证，最终确定入编品种。各品种相关资料均由品种选育人或地方农业局提供，编委会修改、完善并完成校稿后再邀请有关人员座谈征求意见，最终定稿。本书主要汇集了广东省近年来具有代表性的农作物选育品种及地方特色品种，入编品种突出名、优、特、新等特征。其中，选育品种包括水稻品种49个、旱作品种61个、蔬菜品种43个、果树品种26个、茶树品种20个、桑树品种9个，地方特色品种包括蔬菜品种18个、果树品种32个、茶树品种4个。每个品种的介绍都包含审定编号、品种来源、育种者、联系人、特征特性、推广情况等内容，通过全面梳理和深入挖掘，重点突出品种优势、竞争力以及相关传统和文化特色，以期通过扩大影响提升广东农作物品种品牌知名度和市场竞争力。

本书编印工作从2016年11月开始筹备，集聚整合了省农科院专家团队、技术推广、编辑、数字化等方面的人才和科技资源，经过近一年的努力，最终顺利完成。在本书形成过程中，广东省农业厅种子管理总站、华南农业大学园艺学院、广东省生物工程研究所、仲恺农业工程学院、湛江市农业科学院研究院、广州市农业科学研究院以及各地方科研院所及推广单位给予了热情支持和帮助，在此表示衷心的感谢！

由于编者学识所限，时间仓促，书中或有疏漏、欠妥之处，敬请读者批评指正。

广东省农业科学院院长

2017年10月25日

目 录

选育品种

水 稻

优质品种

美香占 2 号 …………… (3)
象牙香占 ……………… (4)
深两优 5814 …………… (5)
黄华占 ………………… (6)
华航 31 号 …………… (7)
五山丝苗 ……………… (8)
金农丝苗 ……………… (9)
粤晶丝苗 2 号 ……… (10)
华航丝苗 …………… (11)
合丰占 ……………… (12)
粤农丝苗 …………… (13)
银晶软占 …………… (14)
丰美占 ……………… (15)
玉香油占 …………… (16)
特籼占 25 ………… (17)
新丰占 ……………… (18)
粤香占 ……………… (19)
桂农占 ……………… (20)
广红 1 号 …………… (21)
红荔丝苗 …………… (22)
深优 9516 ………… (23)
广 8 优 2168 ……… (24)
广 8 优 169 ……… (25)
广 8 优 165 ……… (26)
广 8 优金占 ……… (27)
泰丰优 55 ………… (28)
永丰优 9802 ……… (29)
深两优 870 ……… (30)
Y 两优 3088 ……… (31)
吉丰优 3301 ……… (32)
双优 2088 ………… (33)
深优 9708 ………… (34)
天优 998 ………… (35)
华优 638 ………… (36)
华优 86 ………… (37)

绿色品种

五优 308 ………… (38)
天优 3618 ………… (39)
恒丰优 387 ……… (40)
Y 两优 1173 ……… (41)
吉丰优 1002 ……… (42)
五优 1179 ……… (43)
五丰优 615 ……… (44)
华优 665 ………… (45)
湛优 226 ………… (46)
天丰优 316 ……… (47)
特优 816 ………… (48)
合美占 …………… (49)
航香糯 …………… (50)
广盐 1 号 ……… (51)

旱 作

玉米

粤甜 9 号 ………… (54)
粤甜 13 号 ……… (55)
正甜 68 ………… (56)
粤甜 16 号 ……… (57)
粤甜 20 号 ……… (58)
粤甜 25 号 ……… (59)
粤甜 28 号 ……… (60)
粤白糯 3 号 …… (61)
粤白糯 6 号 …… (62)
粤彩糯 2 号 …… (63)
粤鲜糯 2 号 …… (64)
珠玉糯 1 号 …… (65)
农甜 88 ………… (66)
华美甜 8 号 …… (67)
华美甜 168 号 … (68)
华宝甜 8 号 …… (69)
佛甜 2 号 ……… (70)
田蜜 2 号 ……… (71)
新美夏珍 ……… (72)

甘薯

广薯 87 ………… (74)
广薯 79 ………… (75)
广薯菜 2 号 …… (76)
广薯 155 ……… (77)
广紫薯 2 号 …… (78)
广紫薯 8 号 …… (79)
湛薯 271 ……… (80)
湛薯 12 ………… (81)
湛紫薯 2 号 …… (82)
普薯 28 号 …… (83)
普薯 32 号 …… (84)

马铃薯

粤引 85-38 …… (86)
大西洋 ………… (87)
云薯 901 ……… (88)
粤红 1 号 …… (89)
陇薯 7 号 …… (90)

花生

粤油 13 ………… (92)
粤油 52 ………… (93)
航花 2 号 ……… (94)
粤油 390 ……… (95)
粤油 18 ………… (96)
粤油 41 ………… (97)
汕油 52 ………… (98)
汕油辐 1 号 …… (99)
汕油绣 1 号 … (100)
湛油 55 ……… (101)

湛油 75 ················ (102)
湛红 2 号 ················ (103)
仲恺花 1 号 ············ (104)
仲恺花 10 号 ········· (105)
仲恺花 12 ············· (106)
仲恺花 99 ············· (107)
甘蔗
粤糖 93-159 ·········· (109)
粤糖 83-271 ·········· (110)
粤糖 86-368 ·········· (111)
粤糖 94-128 ·········· (112)
粤糖 00-236 ·········· (113)
粤糖 03-373 ·········· (114)
粤糖 03-393(粤糖 60 号) ························· (115)
粤糖 04-245 ·········· (116)
粤糖 06-233 ·········· (117)
粤糖 08-196 ·········· (118)

蔬 菜

叶菜类
碧绿粗苔菜心 ········· (120)
油绿 501 菜心 ········· (121)
油绿 702 菜心 ········· (122)
油绿 802 菜心 ········· (123)
揭农 4 号小白菜 ······ (124)
惠农选 1 号鲜梅菜 ························· (125)
根茎类
短叶 13 号早萝卜 ······ (126)
白沙南畔洲晚萝卜 ························· (127)
白沙玉春萝卜 ········· (128)
甘蓝类
秋盛芥蓝 ··············· (129)
夏翠芥蓝 ··············· (130)
翠钰 2 号西兰薹 ······ (131)
瓜类
丰绿苦瓜 ··············· (132)
碧丰 2 号苦瓜 ········· (133)
长绿 2 号苦瓜 ········· (134)
澄选珍珠苦瓜 ········· (135)
粤优 2 号丝瓜 ········· (136)
雅绿 8 号丝瓜 ········· (137)
农家宝 908 黄瓜 ······ (138)
早青 4 号黄瓜 ········· (139)
丹红 3 号南瓜 ········· (140)
香蜜小南瓜 ············ (141)
粤农节瓜 ··············· (142)
冠华 4 号节瓜 ········· (143)
夏冠一号节瓜 ········· (144)
玲珑节瓜 ··············· (145)
粤宝节瓜 ··············· (146)
黑优 2 号冬瓜 ········· (147)
铁柱冬瓜 ··············· (148)
莞研 1 号小冬瓜 ······ (149)
茄果类
新星 101 番茄 ········· (150)
益丰 2 号番茄 ········· (151)
白玉白茄 ··············· (152)
农夫长茄 ··············· (153)
紫荣 8 号茄子 ········· (154)
翡翠绿茄子 ············ (155)
粤红 1 号辣椒 ········· (156)
汇丰二号辣椒 ········· (157)
茂椒 4 号辣椒 ········· (158)
辣优 16 号辣椒 ······ (159)
茂海长线辣椒 ········· (160)
豆类
丰产二号豆角 ········· (161)
丰产六号豆角 ········· (162)

果 树

荔枝
井冈红糯荔枝 ········· (164)
凤山红灯笼荔枝 ······ (165)
仙进奉荔枝 ············ (166)
御金球荔枝 ············ (167)
翡翠荔枝 ··············· (168)
香蕉
广粉 1 号粉蕉 ········· (169)
粉杂 1 号粉蕉 ········· (170)
农科 1 号香蕉 ········· (171)
中蕉 9 号香蕉 ········· (172)
柑桔类
少核贡柑 ··············· (173)
粤引默科特桔橙 ······ (174)
少核年桔 ··············· (175)
金葵蜜桔 ··············· (176)
红肉蜜柚 ··············· (177)
粤引尤力克柠檬 ························· (178)
落叶果树
粤引早脆梨 ············ (179)
麒麟三华李 ············ (180)
云开 1 号三华李 ······ (181)
优稀果树
粤引澳卡菠萝 ········· (182)
白粉梅 ·················· (183)
软枝大粒梅 ············ (184)
和平红阳中华猕猴桃 ························· (185)
常有菠萝蜜 ············ (186)
早香 1 号板栗 ········· (187)
早香 2 号板栗 ········· (188)
雄银白果 ··············· (189)

茶 树

英红 9 号 ·············· (191)
丹霞 1 号 ·············· (192)
丹霞 2 号 ·············· (193)
乌叶单丛 ··············· (194)
黄叶水仙 ··············· (195)
黑叶水仙 ··············· (196)
凤凰八仙单丛 ········· (197)
凤凰黄枝香单丛 ························· (198)
五岭红 ·················· (199)
秀红 ····················· (200)
鸿雁 1 号 ·············· (201)
鸿雁 7 号 ·············· (202)
鸿雁 9 号 ·············· (203)

鸿雁12号 …………(204)
鸿雁13号 …………(205)
岭头单丛 ……………(206)
白毛2号 ……………(207)
云大淡绿 ……………(208)
可可茶1号 …………(209)
可可茶2号 …………(210)

桑　树

塘10×伦109桑树 …(212)
沙二×伦109桑树 …(213)
抗青283×抗青10桑树 ……………………(214)
抗青10号桑树 ……(215)
粤桑11号 …………(216)
粤桑51号 …………(217)
粤椹大10 …………(218)
粤椹74 ……………(219)
粤椹28 ……………(220)

■ 地方特色品种 ■

蔬　菜

根菜类
耙齿萝卜 ……………(223)
薯芋类
吴厝淮山 ……………(224)
细叶粉葛 ……………(225)
炭步槟榔香芋 ………(226)
徐闻良姜 ……………(227)
葱蒜类
细叶韭菜 ……………(228)
开平金山火蒜 ………(229)
叶菜类
鹤斗奶白小白菜 ……(230)
增城迟菜心 …………(231)
水东芥菜 ……………(232)
瓜果类
三水黑皮冬瓜 ………(233)
短度水瓜 ……………(234)
中度水瓜 ……………(235)
江门大顶苦瓜 ………(236)
新丰佛手瓜 …………(237)
多年生菜类
簕菜 …………………(238)
水生菜类
新垦莲藕 ……………(239)
北乡马蹄 ……………(240)

果　树

仁果类
阳山洞冠梨 …………(241)
核果类
鹰嘴蜜桃 ……………(242)
三华李 ………………(243)
坚果类
封开油栗 ……………(244)
柑桔类
新会柑 ………………(245)
四会贡柑 ……………(246)
蕉柑 …………………(247)
紫金春甜桔 …………(248)
马水桔 ………………(249)
龙门年桔 ……………(250)
郁南无核砂糖桔 ……(251)
化橘红 ………………(252)
红江橙 ………………(253)
长坝沙田柚 …………(254)
热带及亚热带果类
大鸡心黄皮 …………(255)
郁南无核黄皮 ………(256)
桂味荔枝 ……………(257)
糯米糍荔枝 …………(258)
妃子笑荔枝 …………(259)
挂绿荔枝 ……………(260)
新兴香荔 ……………(261)
石硖龙眼 ……………(262)
储良龙眼 ……………(263)
草铺龙眼 ……………(264)
胭脂红番石榴 ………(265)
樟林番荔枝 …………(266)
神湾菠萝 ……………(267)
冬节圆橄榄 …………(268)
三捻橄榄 ……………(269)
青皮油甘 ……………(270)
西胪乌酥杨梅 ………(271)
青蒂杨梅 ……………(272)

茶　树

白毛茶 ………………(273)
英德红茶 ……………(274)
凤凰单丛茶 …………(275)
客家小叶种茶 ………(276)

致谢 …………………(277)

水稻

"无农不稳，无粮则乱"。粮食安全事关国家安全大局。

广东水稻种植的历史悠久，它是我省第一大粮食作物和主要口粮作物，历年来种植面积占粮食作物种植面积的比例一直保持在75%以上。水稻生产直接关系到粮食安全。目前，我省实现常住人口人均口粮基本自给，在粮食安全日益受到重视的背景下，这说明水稻的生产对保障全省粮食有效供给和经济社会稳定发挥了不可替代的作用。同时，在当前农业供给侧结构性改革背景下，水稻产业也是当前我省需要发力的重要产业。

"国以农为本，农以种为先"。 好品种是稻米优质、高产的灵魂和核心。

种业是国家战略性基础性的核心产业，广东也致力于发展现代种业、成为种业强省。从2013年起，连续5年将发展现代种业相关工作列入省政府重点工作，要把我省种业发展建设成全国领先的优势产业。

广东省光热条件优越，地方稻种、普通野生稻、疣粒野生稻和药用野生稻等物种资源非常丰富，为广东乃至全国的水稻育种及产业发展，提供了极为有利的条件。有研究认为，广东史前稻作农业文化可能肇始于距今1万年左右的粤北新石器时代早期。 20世纪20~50年代，丁颖对稻种起源与演变问题进行研究，提出中国栽培稻起源于华南、普通野生稻是亚洲栽培稻种的祖先的经典论点。

一直到近现代，一代代广东水稻人开拓与传承，英才辈出，续写广东水稻的辉煌，让广东始终走在全国水稻育种研究的前沿。以丁颖、黄耀祥为代表的老一辈科学家为我国稻种起源、分类、野生稻开发利用、矮化育种等开创了新纪元，引领了世界农业发展史上的"第一次绿色革命"，这是广东省在世界水稻产业发展史上的创新和贡献。随着矮化育种的成功，温饱问题在很大程度上已经得到了解决，后继科研工作者充分发挥聪明才智，又相继开展了水稻优质化育种和超级稻育种研究，在温饱的基础上追求好吃的优质大米，围绕优质、绿色，推进水稻优质化。

"中国稻作学之父"丁颖开创了中国现代稻作历史。1933年，在广州市东郊犀牛尾沼泽地，以"中国稻作学之父"丁颖为代表的团队选育出世界上第一个具有野生稻"血缘"的水稻新品种中山1号，由此衍生出中山占、中山红、包胎矮等华南地区当家品种，推广时间超过60年，累计推广面积达1.24亿亩（1亩≈667平方米。全书同）。另外，利用系统育成品种与印度野生稻杂交，还育成了东印1号、银印20号、竹印14号等优良品种。丁颖开创了利用野生稻进行杂交育种的先河，为我国利用丰富野生稻种质资源改良栽培稻开创了新途径。

黄耀祥实现水稻矮化育种，引领了世界农业发展史上的"第一次绿色革命"。针对水稻倒伏问题，黄耀祥开展了以矮秆为主体的水稻研究，创造了加快育种进程的"组群筛选"育种方法，是我国超级稻育种的倡导者之一。1959年，黄耀祥院士团队通过杂交育种的方法培育成了我国第一个矮秆籼稻品种广场矮，之后，又陆

续育成珍珠矮、广陆矮4号、特青2号、胜泰1号等一大批著名高产优质良种，在我国南方稻区大面积推广应用。水稻矮化育种成功，使水稻的耐肥抗倒性大为加强，产量由20世纪50年代的150~250公斤/亩迅速提高到350~450公斤/亩，为解决中国人的温饱问题发挥了重大作用。推广面积超过1000万亩以上的矮化品种有10多个，育成的品种累计推广面积超8亿亩，增产稻谷845亿公斤，成为农科效益之最。国际水稻研究所利用我国的低脚乌尖等矮源进行矮秆育种，到1966年育成被称为“奇迹稻”的IR8，比广东晚了7年。

开拓与传承，百花齐放的广东水稻人。后继水稻科研工作者发挥聪明才智，又相继开展了水稻优质化育种和超级稻育种研究，选育出了一大批有代表性的水稻品种，塘竹7号、双竹占、七桂早25等广东丝苗型小粒优质稻米深受中国香港、中国澳门和欧美等市场欢迎，销往20多个国家和地区，是广东出口的主要优质米品种。增城丝苗米、马坝油占米等国家地理标志保护产品，更是享誉国内外。

传承老一辈育种家对于水稻的钻研精神，广东省现拥有一批国内外一流的水稻育种创新团队，在全国具有较强的竞争力。科研育种单位主要有广东省农业科学院水稻研究所、华南农业大学、广东海洋大学、国家杂交水稻工程技术研究中心清华深圳龙岗研究所、佛山市农业科学研究所、汕头市农业科学研究所等十几家，具备较强科研育种能力的种子企业有创世纪种业有限公司、广东省金稻种业有限公司、广东粤良种业有限公司、广东华茂高科种业有限公司等，每年选育出近200个新品种参加国家级和省级试验。育种创新团队的发展离不开一位位务实、创新的育种科研人员，他们躬身稻田，胸怀对粮食安全的使命感，为选育出更优良的品种而贡献智慧和汗水。

在一代代广东水稻人的艰苦努力下，我省水稻育种创新水平显著提升，育成了一批通过国家级和省级审定的优良水稻新品种并大面积推广应用，基本实现良种全覆盖。目前，全省保存水稻种质资源近4万份，保存数量位居全国前列。2011年以来全省申请水稻植物新品种权169件，授权108件；通过审定的水稻新品种388个；育成通过农业部确认的超级稻品种19个，占全国超级稻品种总数的15%，位居全国前列。全省水稻优质率达74%。

受限于篇幅，本书仅介绍了近10年来选育的或具有特色的部分水稻优良品种。广东省水稻良种丰富，还有很多品种在提高水稻产量和品质、保障粮食安全等方面发挥了积极而巨大的作用，虽未一一列出，但它们同样功不可没。

美香占2号

审定编号：粤审稻2006009，滇审稻2012013号

品种来源：美国种Lemont/丰澳占（三次轮回杂交）

育 种 者：广东省农业科学院水稻研究所

联 系 人：周少川

特征特性

（1）形态特征：株型好，生势强，谷粒较小，分蘖力较强，结实率较高，熟色好，后期耐寒力中弱。株高90.5～96.6厘米，穗长20.6～21.2厘米，亩有效穗数21.8万～22.1万条，每穗总粒数108～120粒，结实率83.9%～87.7%，千粒重18.1～18.5克。

（2）生长特性：感温型常规稻品种。晚造全生育期112～113天，与粳籼89相当。中感稻瘟病，中B、中C群和总抗性频率分别为76.5%、77.8%、75.7%，病圃鉴定穗瘟6级，叶瘟4.67级；中感白叶枯病（5级）。

（3）品质特征：晚造米质达国标和省标优质二级，外观品质为晚造特一级，有香味，整精米率63.7%～67%，垩白粒率8%～20%，垩白度0.8%～1.4%，直链淀粉含量15%～17.6%，胶稠度72～77毫米，理化分63分，食味品质分82分。

（4）生产性能：生产上一般亩产400~450公斤（1公斤=1千克。全书同），高产达500~550公斤。2003、2004年两年晚造参加省区试，平均亩产分别为353.94公斤、376.21公斤。2004年晚造生产试验平均亩产358.51公斤。日产量3.17～3.34公斤。

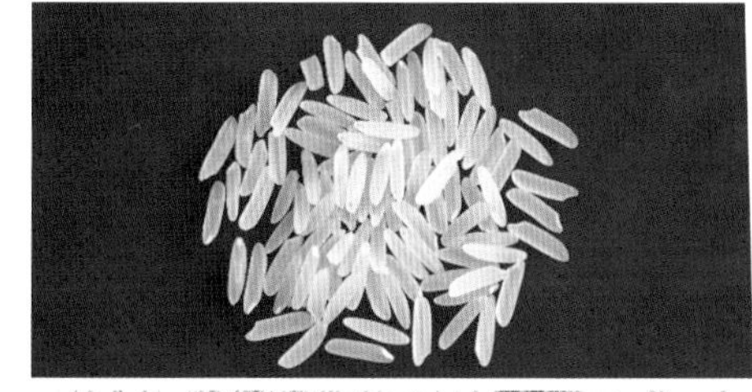

推广情况

适宜广东各稻作区早、晚造种植，但粤北稻作区根据生育期慎重选择使用，栽培上要注意防治稻瘟病和白叶枯病。2015年起至今广东省当前推广面积最大的常规稻品种，2016年广东省推广面积82万亩。江西、云南中稻米质达国标优质稻二级。首届广东好大米十大品牌主要品种。中国最好的十大大米品牌：（丰粮国家免检产品），金佳(中国名牌，国家免检产品)，金健(中国名牌，中国驰名商标，国家免检产品)配方品种。南方稻区订单农业的优良品种，湖南、湖北、安徽、广西、陕西、重庆等省种植面积逐年迅速扩大。审定以来累计全国种植面积超过800万亩。为江西省农业主导品种。获植物新品种权（品种权号：CNA20060475.9）。

象牙香占

审定编号：粤审稻2006044

品种来源：香丝苗126/象牙软占

育 种 者：台山市农业科学研究所

联 系 人：谢文青

特征特性

（1）形态特征：植株较高，株型适中，有效穗多，穗长，着粒疏，后期熟色尚好，整齐度较好，抗倒性中等，耐寒性弱。株高99.4～104.1厘米，穗长22.7～23.2厘米，亩有效穗22.2万～22.8万，每穗总粒数115.2～117.2粒，结实率78.7%～81.8%，千粒重18.5～19.2克。

（2）生长特性：感温型常规稻品种。晚造平均全生育期112～114天，与粳籼89相当。抗稻瘟病，中B、中C群和总抗性频率分别为35.5%～71.2%、68.18%～90.9%、52.9%～62.07%，病圃鉴定穗瘟2.33级，叶瘟1.67～4.33级，中感白叶枯病（5级）。

（3）品质特征：晚造米质达国标和省标优质二级，整精米率52.5%，垩白粒率5%，垩白度1.1%，长宽比4.1，直链淀粉18.1%，胶稠度77毫米，食味品质分82分。

（4）生产性能：2004、2005年晚造参加省区试，平均亩产分别为373.18公斤、355.86公斤，2005年晚造生产试验平均亩产349.91公斤。日产量3.18～3.26公斤。

推广情况

适宜广东省粤北以外稻作区早、晚造种植，审定后至2011年全省累计推广超过82.02万亩。广西壮族自治区（以下简称广西）、江西省有部分地区有种植，越南、柬埔寨也有华人公司引种种植。获2007年江门市科学技术奖三等奖，2008年台山市科学技术奖一等奖，2017年首届“广东好大米优质稻米品种”称号。在市场化推广方面，有多个稻米龙头企业使用该品种作为原料。

深两优5814

审定编号：粤审稻2008023，琼审稻2013001，渝引稻2011007，国审稻20170013

品种来源：Y58S/丙4114

育 种 者：国家杂交水稻工程技术研究中心清华深圳龙岗研究所

联 系 人：孟祥伦

特征特性

（1）形态特征：分蘖力中等，株型中集，剑叶短直，茎秆粗壮，抗倒力中强，谷粒有芒。抗寒性模拟鉴定孕穗期为中强，开花期为强。科高108.0厘米，穗长23.3～24.1厘米，每穗总粒数139～141粒，结实率80.9%～83.0%，千粒重26.8～27.1克。

（2）生长特性：弱感光型两系杂交稻组合。晚造全生育期117天，比博优122迟熟2～4天。中抗稻瘟病，全群抗性频率77.6%，对中B群、中C群的抗性频率分别为71.8%和92.3%，田间发病中等偏重；感白叶枯病，对C4、C5菌群分别表现中感和感。

（3）品质特征：晚造米质鉴定为国标优质三级、省标优质二级，整精米率62.6%～70.6%，垩白粒率18%～20%，垩白度4.7%～7.4%，直链淀粉16.6%～16.8%，胶稠度78毫米，长宽比3.3～3.4，食味品质分81～82分。

（4）生产性能：2005、2006年晚造参加省区试，平均亩产分别为440.5公斤和482.5公斤；2006年晚造参加省生产试验，平均亩产513.8公斤。

推广情况

适宜粤北以外稻作区晚造种植，栽培上要注意防治稻瘟病和白叶枯病。2010年以来累计推广超过1726万亩，推广区域为南方籼稻区。2012年农业部认定为超级稻品种；2013年广东省农业主导品种；获植物新品种权（品种权号：CNA003538G）；2013年获深圳市科技进步三等奖。

黄华占

审定编号： 粤审稻2005010，鄂审稻2007017，湘审稻2007018，琼审稻2008010，桂审稻2008020号，浙审稻2010014，渝审稻2011003，陕审稻2013005号

品种来源： 黄新占/丰华占

育 种 者： 广东省农业科学院水稻研究所

联 系 人： 周少川

特征特性

（1）形态特征： 株型较好，植株较高，叶片长、直，转色顺调，结实率较高。株高93.8～102.8厘米，穗长21.0～21.8厘米，亩有效穗数21.4万条，每穗总粒数118.3～123粒，结实率80.5%～86.8%，千粒重22.2～23.1克。

（2）生长特性： 感温型常规稻品种。早造全生育期129～131天，比粤香占迟熟4天。抗稻瘟病，中B、中C群和总抗性频率分别为80%、100%、83.9%，病圃穗颈瘟为3.5级，叶瘟为3.3级；抗白叶枯病（2级）。

（3）品质特征： 稻米外观品质鉴定为早造特二级，整精米率40.0%～55.2%，垩白粒率4%～6%，垩白度0.6%～3.2%，直链淀粉含量13.8%～14.0%，胶稠度67～88毫米，理化分44～50分。

（4）生产性能： 2003、2004年早造参加省区试，平均亩产分别为434.26公斤、502.50公斤。2004年早造生产试验平均亩产479.81公斤。日产量3.36～3.83公斤。

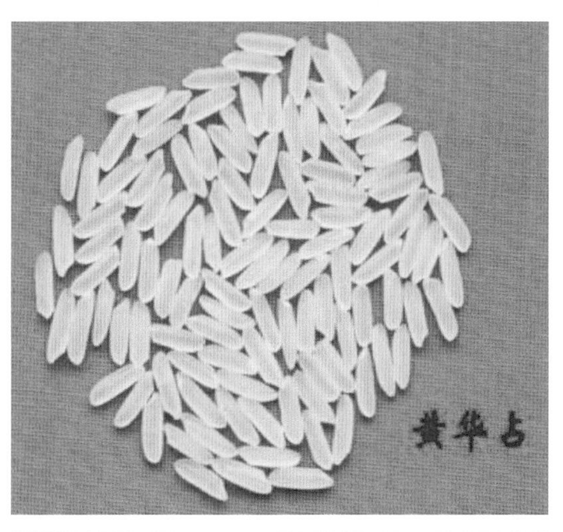

推广情况

国标优质稻一级和部颁优质稻一等优质稻品种，通过9省审定（引种），在省级区试中产量、品质稳定，比常规稻对照平均增产12.99%，比杂交稻对照平均增产5.41%。抗稻瘟病和白叶枯病（广东、江苏），高抗条纹叶枯病（安徽），抗稻曲病（陕西）。抗倒性好，耐热性好，开启了我国南方稻区优质常规稻新时代。

2005—2016年黄华占在南方稻区种植面积达10730.46万亩，创造社会经济效益276亿元。为广东、湖北、湖南、江西省农业主导品种，重庆、湖北、陕西、安徽省区试对照种，四川、安徽、河南、云南、江苏、福建、贵州等省优质稻订单农业品种，是当前水稻产业方兴未艾的机插秧、直播稻、再生稻和华南地区菜稻菜模式中的首选品种之一。获植物新品种权（品种权号：CNA20060287.X）。获2016年广东省科学技术奖一等奖，2014—2015年度中华农业科技奖一等奖，2015年大北农科技成果奖一等奖。

华航31号

审定编号：粤审稻2010022

品种来源：特华占空间诱变材料H-31/华航131

育 种 者：国家植物航天育种工程技术研究中心（华南农业大学）

联 系 人：王慧

特征特性

（1）形态特征：株高109.5～110.6厘米，株型中集，分蘖力中等，叶色中，叶姿中，长势繁茂，抽穗整齐，耐寒性强，抗倒性强，后期熟色好。穗长24.3～24.9厘米，亩有效穗数18.2万～18.6万条，每穗总粒数132.1～132.5粒，结实率83.5%～85.8%，千粒重22.0～22.3克。

（2）生长特性：早晚兼用型籼稻品种。全生育期早造125～130天、晚造110～111天，比粳籼89早熟2天。稻瘟病抗性鉴定为抗至高抗，经鉴定，对稻瘟病总抗性频率98.4%～100%，其中对中B群96.9%～100%、中C群100%；病圃鉴定叶瘟1级，穗瘟1.5~3.67级；中感白叶枯病（5级）。该品种抗寒性模拟鉴定孕穗期为强、开花期为中强，耐寒性强。

（3）品质特征：米质达国标优质二级、省标优质二级，主要理化指标：整精米率72.5%，垩白粒率4%，垩白度0.8%，直链淀粉16.2%，胶稠度71毫米，粒型（长宽比）3.6～3.7，食味品质分80分。

（4）生产性能：2008年晚造参加省区试，平均亩产420.54公斤；2009年晚造复试，平均亩产442.57公斤。2009年晚造参加省生产试验，平均亩产426.60公斤。日产量3.82～3.99公斤。

推广情况

适宜粤北以外稻作区早、晚造种植。自审定以来，在广东累计推广应用面积近200万亩。2015年农业部认定为超级稻品种，2012、2013、2015、2016、2017年广东省农业主导品种，2017年广州市农业主导品种；2016年获得广东省农业技术推广奖一等奖、农业部农牧渔业丰收奖二等奖。

五山丝苗

审定编号：粤审稻2009031，陕审稻2015012号，川审稻2015019，皖稻2016055

品种来源：茉莉丝苗/五山油占

育 种 者：广东省业农学科院水稻研究所

联 系 人：周少川

特征特性

（1）形态特征：株型中集，叶色浓，叶姿挺直，抽穗整齐，成穗率高，熟色好，抗倒力中强。耐寒性模拟鉴定孕穗期为中，开花期为中强。科高99.1～101.5厘米，穗长21.7～22.5厘米，亩有效穗数20.9万～21.3万条，每穗总粒数143.6～149.5粒，结实率77.0%～80.9%，千粒重20.2～20.6克。

（2）生长特性：感温型常规稻品种。晚造全生育期109～114天，比粳籼89早熟3天。高抗稻瘟病，中B、中C群和总抗性频率均为100%，病圃鉴定穗瘟1～1.67级，叶瘟1级；中抗白叶枯病（3级）；田间自然条件下，2008年雷州试点表现重感纹枯病。

（3）品质特征：米质鉴定为国标优质二级、省标优质二级，主要理化指标：整精米率72.2%，垩白粒率20%，垩白度2.8%，直链淀粉19.9%，胶稠度73毫米，食味品质分80分。

（4）生产性能：2007年晚造初试，平均亩产459.65公斤；2008年晚造复试，平均亩产456.56公斤；2008年晚造生产试验平均亩产457.24公斤。日产量4.03～4.17公斤。

推广情况

适宜广东粤北以外稻作区早、晚造种植。2012年以来，广东省累计推广面积超过220万亩，全国累计推广面积超过800万亩。2012—2017年广东省农业主导品种，2016年国家农业主导品种。获植物新品种权（品种权号：CNA20090831.2）。

金农丝苗

审定编号： 粤审稻2010018

品种来源： 金华软占/桂农占

育 种 者： 广东省农业科学院水稻研究所

联 系 人： 江奕君

特征特性

（1）形态特征： 分蘖力中强，株型中集，叶色浓绿，叶姿直，抗倒力、耐寒性均为中强，后期熟色好。科高96.0～97.1厘米，穗长21.8～22.3厘米，亩有效穗数22.8万～24.6万条，每穗总粒数138.4～140.8粒，结实率82.7%～83.6%，千粒重17.7～18.3克。

（2）生长特性： 属早、中、晚兼用感温型常规稻品种，晚造全生育期约108天。中抗白叶枯病，中感稻瘟病，适合对米质和产量兼顾地区种植。

（3）品质特征： 稻米品质优良，属典型的广东优质丝苗米，米质达国标、省标二级，直链淀粉16.1%，胶稠度73毫米，食味品质分81分。

（4）生产性能： 丰产性能突出，稳产性好。2009年晚造生产试验平均亩产427.27公斤。日产量4.09～4.12公斤。

推广情况

适宜广东各稻作区晚造、粤北以外稻作区早造种植，栽培上要注意防治稻瘟病。金农丝苗丰产性能突出，品质优良，是典型的广东优质丝苗米，是广东省各地粮食高产创建的主导品种，至2016年广东省累计推广应用面积360多万亩。2012年农业部认定为超级稻品种，是2012年、2014—2017年广东省农业主导品种，2014年广州市农业主导品种；2016年获得植物新品种权（品种权号：CNA20110882.6）。

粤晶丝苗2号

审定编号：粤审稻2006067，琼审稻2010025

品种来源：粤科占//五丰占/锦超丝苗

育 种 者：广东省农业科学院水稻研究所

联 系 人：何秀英

特征特性

（1）形态特征：株型集散适中，稳生稳长，群体结构好，分蘖力强，成穗率高，后期熟色好，抗倒性强。株高102厘米，穗长22.1厘米，亩有效穗数21.4万条，每穗总粒数125粒，结实率85.9%，千粒重21.2克。

（2）生长特性：感温型常规稻品种。早造全生育期131天，晚造115天。高抗稻瘟病，中B、中C群和总抗性频率分别为97.37%、94.12%、96.43%，病圃鉴定穗瘟1级，叶瘟1级；中抗白叶枯病（3级）。

（3）品质特征：早造米质达国标、省标优质二级，主要理化指标：整精率63.6%、垩白粒率4%、垩白度0.2%、直链淀粉16.1%、胶稠度72毫米，食味品质分91分。米粒晶莹亮泽、腹心白极少，米饭软滑有弹性，饭味足，特别适合用于中高档配方米加工。

（4）生产性能：2005、2006年早造参加省区试，平均亩产分别为393.47公斤、402.89公斤。2006年早造生产试验平均亩产398.52公斤。日产量3.01～3.02公斤。

推广情况

适宜广东粤北以外地区早、晚造种植。2007年以来在广东省累计推广882万亩。2007—2015年广东省农业主导品种，2013—2014年国家农业主导品种；广东省区试对照种；获2010年广东省农业技术推广奖一等奖、2012年广东省科学技术奖二等奖。

华航丝苗

审定编号：粤审稻2006043

品种来源：空间诱变材料H-61/胜巴丝苗系列中间材料

育 种 者：华南农业大学植物航天育种研究中心

联 系 人：王慧

特征特性

（1）形态特征：株高99.3～105.9厘米，穗长21.9～23.8厘米，亩有效穗19.1万～21.3万，每穗总粒数129.6～146.5粒，结实率83.9%～85.7%，千粒重16.5～17.6克。

（2）生长特性：感温型常规稻品种。晚造平均全生育期109～113天，比粳籼89早熟2～3天。植株较高，剑叶长、宽、披，有效穗多，成穗率高，穗型中等，粒小，弯月形，后期熟色好，抗倒性中等，耐寒性中弱。抗稻瘟病，中B、中C群和总抗性频率分别为70%、90.9%、79.4%，病圃鉴定穗瘟1级，叶瘟1级；高感白叶枯病（9级）。

（3）品质特征：晚造米质达国标和省标优质一级，整精米率69.8%～74.1%，垩白粒率1%～8%，垩白度0.4%～0.9%，长宽比3.4，直链淀粉15.3%～17.8%，胶稠度78～84毫米，食味品质分80～91分。

（4）生产性能：2004年、2005年两年晚造参加省区试，平均亩产分别为383.9公斤、365.14公斤；2005年晚造生产试验平均亩产382.18公斤。日产量3.35～3.39公斤。

推广情况

适宜我省各稻作区早、晚造种植，但粤北稻作区早造根据生育期慎重选择使用。该品种2004年申请国家植物新品种权保护，2007年授权（品种权号：CNA20040227.7）。据不完全统计，至2016年年底，华航丝苗在广东省累计推广应用237.3万亩。2009年获广东省农业技术推广奖一等奖。

该品种由于抗病，米质好，一经审定，在生产上在面积推广应用。我省常规优质稻主产区江门市农业局从2004年开始将“华航丝苗”列为江门市水稻品种区域试验品种，并参加全市范围内优质水稻良种表证、试验示范。2005年开始，陆续在江门市各地开展了“华航丝苗”表证示范工作，示范效果显著。

同时，与大米加工企业合作，通过产业化促进品种商品附加值提升。与广州市科誉有机农产品科技有限公司合作，利用“华航丝苗”优质品种与鸭稻共作有机稻米生产技术、无公害稻米生产技术等相结合，生产优质稻谷进行产后加工开发研究，创出“科誉鸭稻有机大米”“科誉营养糙米”等优质稻米产品新品牌，已打入广东省优质稻米市场，在中、高档优质大米市场的占有份额逐年增加，目前是华南农业大学“双到”扶贫基地科技扶贫产品，已开发出“华航丝苗”品牌大米。

合丰占

审定编号：粤审稻2009020

品种来源：丰美占/广合占

育 种 者：广东省农业科学院水稻研究所

联 系 人：江奕君

特征特性

（1）形态特征：植株较高，株型紧凑，叶色浓绿，穗大粒多，抗倒力中等，后期熟色好，缺点是分蘖力较弱，有效穗偏少。耐寒性模拟鉴定孕穗期和开花期均为中。科高107.6～109厘米，穗长21.8～22.0厘米，亩有效穗数17.1万～18.2万条，每穗总粒数142～153粒，结实率80.4%～80.7%，千粒重20.0～20.4克。

（2）生长特性：感温型常规稻品种。早造全生育期128～130天。抗稻瘟病，中B、中C群和总抗性频率分别为85.7%～88.24%、77.8%～87.5%、83.3%～88.89%，病圃鉴定穗瘟1.7～3.67级，叶瘟1～2.3级；中感白叶枯病（5级）。

（3）品质特征：米质鉴定为国标优质三级、省标优质三级，整精米率69.4%，垩白粒率10%，垩白度3.8%，直链淀粉15.4%，胶稠度76毫米，食味品质分74分。

（4）生产性能：2007年早造初试，平均亩产391.54公斤；2008年早造复试，平均亩产400.14公斤；2008年早造生产试验平均亩产429.96公斤。日产量3.01～3.12公斤。

推广情况

适宜粤北以外稻作区早、晚造种植。至2016年广东省累计推广应用面积300多万亩。2011—2012年广东省农业主导品种；2016年获得植物新品种权（品种权号：CNA20110881.7）。

粤农丝苗

审定编号：粤审稻2011023，琼审稻2013017，桂审稻2017030，鄂审稻2017019

品种来源：黄华占/粤泰13

育 种 者：广东省农业科学院水稻研究所

联 系 人：何秀英

特征特性

（1）形态特征：株型紧凑，株高适中，分蘖力中等，叶色绿，叶姿中直。科高97.0~97.9厘米，穗长21.3~21.4厘米，亩有效穗数19.4万~19.7万条，每穗总粒数122~124粒，结实率87.1%~88.0%，千粒重22.0~22.6克。

（2）生长特性：早、晚两用型感温中迟熟常规稻品种。全生育期早造128天、晚造111天。高抗稻瘟病，中B、中C群和总抗性频率分别为92.31~100%、100%、97.06~100%，病圃鉴定穗瘟1~2.5级，叶瘟1.5~2.3级，中抗白叶枯病。抗倒性强，耐寒性中，后期熟色好。

（3）品质特征：米质鉴定为国标和省标优质二级，整精米率73.0%，垩白粒率6%，垩白度0.9%，直链淀粉17.3%，胶稠度70毫米，食味品质分81分。

（4）生产性能：2009、2010年晚造参加省区试，平均亩产分别为420.72公斤和437.82公斤。2010年晚造参加省生产试验，平均亩产404.27公斤。日产量3.79 ~ 3.87公斤。

粤农丝苗的谷样与米样

推广情况

适宜粤北以外稻作区早、晚造种植，海南省各市县作早造种植，湖北鄂西南以外地区作中稻种植，可在广西桂北、桂中、桂南稻作区作早、晚造种植。2014年广东省种植面积31.3万亩，2015年34.1万亩，2016年49.4万亩，在广东及华南稻区推广应用前景很好。

2013—2017年广东省农业主导品种，2012—2016年广州市农业主导品种。2017年获植物新品种权（品种权号：CNA20130895.9）。

银晶软占

审定编号：粤审稻2006010

品种来源：银花占/金桂占

育 种 者：广东省农业科学院水稻研究所

联 系 人：林青山

特征特性

（1）形态特征：早生快发，生势强，剑叶短直，穗大粒多，熟色好，株高101.4～104.7厘米，穗长22.2～22.6厘米，亩有效穗数21.5万条，每穗总粒数130～134粒，结实率80.9%～84%，千粒重19.6～20.4克。

（2）生长特性：感温型常规稻品种。早造全生育期125～128天，与粤香占相当。中抗稻瘟病，中B、中C群和总抗性频率分别为60%、33.3%、48.4%，病圃穗颈瘟为3.3级，叶瘟为3.2级；中感白叶枯病（5级）。

（3）品质特征：早造米质为国标优质三级，外观品质为早造特二级，整精米率64.4%～64.6%，垩白粒率10%～17%，垩白度1.0%～4.2%，直链淀粉含量15.15%～16.13%，胶稠度80～85毫米，理化分57～64分。

（4）生产性能：2003、2004年早造参加省区试，平均亩产分别为431.80公斤、487.68公斤，2004年早造生产试验平均亩产456.75公斤。

推广情况

适宜广东各稻作区早、晚造种植，但粤北稻作区早造根据生育期慎重选择使用，栽培上要注意防治稻瘟病和白叶枯病。目前累计推广应用面积达300多万亩。2007—2011年广东省农业主导品种，2009年获广东省农业技术推广奖一等奖。

丰美占

审定编号： 粤审稻2005007，琼审稻2005013，国审稻2006005

品种来源： 新广美/中二占

育 种 者： 广东省农业科学院水稻研究所

联 系 人： 江奕君

特征特性

（1）形态特征： 株型好，植株矮，长势繁茂，穗较短，粒多，着粒密，后期转色好，耐寒性弱。株高93.1～94.3厘米，穗长19.9～21.0厘米，亩有效穗数20.8万条，每穗总粒数123.7～127粒，结实率80.3%～84.5%，千粒重20.3克。

（2）生长特性： 感温型常规稻品种。晚造全生育期108～116天，比粳籼89早熟2～4天。感稻瘟病，中B、中C群和总抗性频率分别为51.3%、95.4%、66.2%，病圃鉴定叶瘟为5级，穗瘟为6.3级；中抗白叶枯病（3级）。

（3）品质特征： 晚造米质达国标优质三级，外观品质鉴定为特二级至一级，整精米率63.2%～64.3%，垩白粒率8%～23%，垩白度0.8%～2.3%，直链淀粉含量15.3%～17.3%，胶稠度74～86毫米，理化分63分。

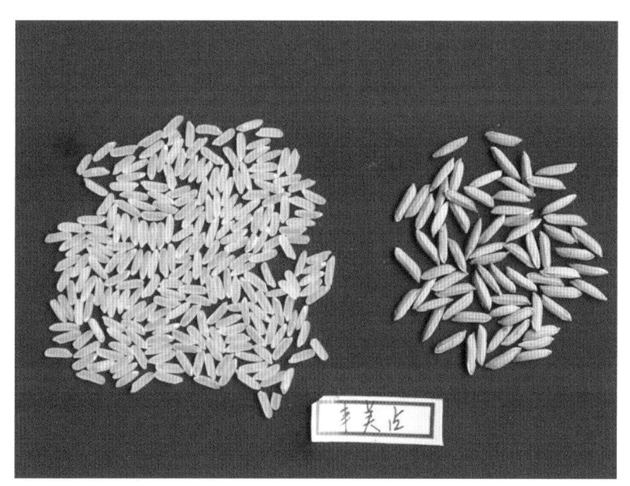

（4）生产性能： 2002、2003年晚造参加省区试，平均亩产分别为400.64公斤、424.84公斤。2003年晚造生产试验平均亩产400.0公斤。日产量3.46～3.94公斤。

推广情况

适宜广东各地晚造种植和粤北以外地区早造种植，栽培上要特别注意防治稻瘟病。该品种耐肥抗倒性强，在广东省惠州市、肇庆市、广州市白云区、花都区、从化区、增城区、阳江市、清远市、珠海市等地有较大面积种植，至2016年广东省累计推广应用面积200多万亩。2005—2012年广东省农业主导品种，2009年获广东省农业技术推广奖一等奖。

玉香油占

审定编号： 粤审稻2005013，琼审稻2007015

品种来源： TY36/IR100//IR100（TY36是利用三系不育系K18A为受体，与玉米杂交的后代中选育出来的稳定中间品系）

育 种 者： 广东省农业科学院水稻研究所

联 系 人： 江奕君

特征特性

（1）形态特征： 叶色浓，抽穗整齐，穗大粒多，着粒密，熟色好，结实率较高。株高105.6～106.4厘米，穗长21.1～21.6厘米，亩有效穗数20.3万条，每穗总粒数128～136粒，结实率81.6%～86.0%，千粒重22.6克。

（2）生长特性： 感温型常规稻品种。早造全生育期126～128天，与粤香占相当。中抗稻瘟病，中B、中C群和总抗性频率分别为66.7%、77.8%、67.7%，病圃鉴定穗瘟、叶瘟均为3级；中感白叶枯病（5级）。

（3）品质特征： 稻米外观品质鉴定为早造一级至二级，整精米率46.3%～47.0%，垩白粒率13%，垩白度2.6%～8.7%，直链淀粉含量23.7%～26.3%，胶稠度47～75毫米，理化分34～44分。

（4）生产性能： 玉香油占丰产性能突出，稳产性好，两年区试比对照种粤香占分别增产5.57%和6.96%（极显著），是自1998年粤香占设为对照种以来，广东省第一个比对照种粤香占增产达显著水平以上，第一个比粤香占增产幅度超过5%的品种，第一个连续两年产量列首位的品种。

推广情况

适宜广东各地早、晚造种植，但粤北稻作区早造根据生育期布局慎重选择使用，栽培上要注意防治稻瘟病和白叶枯病。至2016年广东省累计推广应用面积540多万亩。

2007年农业部认定为超级稻品种，是2005—2013年广东省农业主导品种，2007—2008年广州市农业主导品种，2012年农业部主导品种；2008年获广东省农业科学院科技进步奖一等奖，2010年获广东省农业技术推广奖二等奖；2016年获得植物新品种权（品种权号：CNA20110880.8）。

特籼占25

审定编号：粤审稻1998002，琼审稻1999001，国审稻2001021

品种来源：特青2号/粳籼89

育 种 者：佛山市农业科学研究所

联 系 人：吴炯兆

特征特性

（1）形态特征：生势强，叶片长阔，挺直向上，叶色青绿鲜明，株叶刚健清秀，生长前期假茎较矮，分蘖向植株周围丛生，假茎扁阔粗壮，抽穗期植株长高明显，秆坚硬，抗倒力强，穗较大，均匀，有效穗多，穗颈短，穗轴穗枝较软，稻穗向下弯，叶下禾，耐寒力强，熟色好，谷粒较细长，谷色淡黄，千粒重20.8克，适应性广，综合性状好。

（2）生长特性：常规优质稻品种。晚造种植全生育期120～124天，比粳籼89迟2～3天。抗稻瘟病、中抗白叶枯病和褐飞虱。稻瘟病全群抗性比84.7%，其中中B群86.1%，中C群94.1%；中抗白叶枯病（3级）。

（3）品质特征：稻米外观品质鉴定为晚造一级。整精米率51.1%，垩白度6.1%，直链淀粉含量24.9%。

（4）生产性能：1995、1996年两年晚造参加省区试，丰产性较好，亩产分别为422.11公斤、425.49公斤，比对照种粳籼89增产10.21%和7.62%，增产均达显著水平。

推广情况

适宜广东粤北以外地区晚造种植和中南部地区作早造种植。1998—2000年，共种植625万亩，生产优质稻谷26.5亿公斤，实现经济效益55.67亿元，增加经济效益4.9亿元，带动了邻近的海南、广西、江西、湖北等省份也大力引进种植。至今累计种植面积超过750万亩。分别获得了2000年佛山市科学技术奖一等奖，2001年广东省科学技术奖三等奖，2010年广东省农业技术推广奖二等奖。

新丰占

审定编号：粤审稻2010020

品种来源：新软占/佛山油占

育 种 者：佛山市农业科学研究所

联 系 人：何志劲

特征特性

（1）形态特征：株型中集，叶色浓绿，抗倒力和耐寒性均为中强，后期熟色好。科高96.9～99.0厘米，穗长20.8～20.9厘米，亩有效穗数22.3万～22.5万条，每穗总粒数138.7～140.9粒，结实率83.9%～84.0%，千粒重18.1～18.4克。

（2）生长特性：感温型常规稻品种。晚造全生育期107天，比对照种优优122长3～5天。抗稻瘟病，中B、中C群和总抗性频率分别为87.5%、100%、93.4%，病圃鉴定穗瘟2.3～3级，叶瘟2～2.5级；中感白叶枯病。

（3）品质特征：米质鉴定为国标和省标优质二级，整精米率70.8%～71.6%，垩白粒率4%～30%，垩白度0.9%～6.9%，直链淀粉17.2%～19.3%，胶稠度72～74毫米，食味品质分81～82分。

（4）生产性能：2008、2009年晚造参加省区试，平均亩产分别为435.68公斤和431.23公斤。2009年晚造生产试验平均亩产439.51公斤。日产量4.03～4.08公斤。

推广情况

适宜广东各稻作区晚造和粤北以外稻作区早造种植。2012—2016年全省累计推广面积57.89万亩。2014—2017年广东省农业主导品种。获2015年度广东省农业技术推广奖三等奖。

粤香占

审定编号：粤审稻1998001，国审稻20000005

品种来源：三二矮/清香占//丰青矮/广西香稻

育 种 者：广东省农业科学院水稻研究所

联 系 人：何秀英

特征特性

（1）形态特征：苗期耐寒性强，插后回青快，矮壮早分蘖，分蘖力强，叶色翠绿，较窄厚短直上举，群体通透性好，对肥力钝感，株高93厘米左右，亩有效穗数约23万条，每穗总粒数140粒，结实率95%，千粒重19克，谷色淡黄，收获指数高，谷草比1.5左右，高产稳产，适宜性广。

（2）生长特性：常规优质稻品种。全生育期早造133～126天，与七山占接近，晚造110天左右。稻瘟病全群抗性比41.5%，大田试种表证，稻瘟病发病较轻，中抗白叶枯病（3.5级）。

（3）品质特征：稻米外观品质鉴定为早造一级，有微香，糙米率80.7%，精米率74.2%，整精米率62%，长宽比2.8，透明度3级，糊化温度7.0，稠度38毫米，直链淀粉含量26%。

（4）生产性能：1996、1997年两年早造参加省区试，丰产性突出，亩产分别为438.87公斤、443.11公斤。

推广情况

适宜广东省各稻区作晚稻种植和粤北以外地区作早稻种植，但推广时应注意防治稻瘟病。该品种1997年以来累计推广超过1428.26万亩，其中1999年达172万亩，是1999—2000年全省种植面积最大的水稻品种，南方稻区11个省（区）引种试种。1998年起为广东省优质稻区试对照种，2000年起为国家优质稻区试对照种。2001年列入农业部2001—2002年丰收计划立项指南；2001年获广东省科学技术进步一等奖。

桂农占

审定编号：粤审稻2005006，琼审稻2005012

品种来源：广农占/新澳占//金桂占

育 种 者：广东省农业科学院水稻研究所

联 系 人：林青山

特征特性

（1）形态特征：植株矮壮，叶色中浓，叶片呈倒三角形，穗短，着粒密，前期生长旺，后期熟色好，抗倒力强，耐寒性弱。株高90.5～95厘米，穗长19.5～20.4厘米，亩有效穗数20.6万～21.2万条，每穗总粒数121粒，结实率79.7%～86%，千粒重22.3克。

（2）生长特性：属感温型常规稻品种。早造全生育期约130天。中感稻瘟病，中B、中C群和总抗性频率分别为53.8%、81.8%、60.6%，病圃鉴定叶瘟为5.5级，穗瘟为5级；中抗白叶枯病（3级）。

（3）品质特征：稻米外观品质鉴定为晚造二级，整精米率61.4%～63.4%，垩白粒率10%～37%，垩白度1.5%～3.7%，直链淀粉含量25.5%～26.1%，胶稠度30毫米，理化分38～48分。

（4）生产性能：耐肥抗倒，是一个超高产潜力大、适应性广的广适型优质超级稻品种。2002、2003年晚造参加省区试，平均亩产分别为424.07公斤、446.33公斤。2003年晚造生产试验平均亩产444.9公斤。日产量3.59～4.01公斤。

推广情况

适宜广东各地晚造种植和粤北以外地区早造种植。目前累计推广应用面积达480多万亩。2006年农业部认定为超级稻品种，2005—2012年广东省农业主导品种，2008年获广东省农业科学院科技进步奖一等奖，2010年获广东省农业技术推广奖二等奖。

广红1号

审定编号：粤审稻2012029

品种来源：广银软占/南红宝

育 种 者：广东省农业科学院水稻研究所

联 系 人：江奕君

特征特性

（1）形态特征：株形中集，分蘖力较强，叶片较长，穗粒性状中等，结实较好，熟期较迟，抗倒性一般，耐寒性中弱，后期熟色好。科高96.7~110.4厘米，穗长19.5~20厘米，亩有效穗18.8万~20.3万条，每穗总粒数126~131粒，结实率75.1%~80.1%，千粒重20.4~20.8克。

（2）生长特性：属感温型常规特种稻红米品种，米皮红色，晚造全生育期113天，与对照红荔丝苗相当。中感稻瘟病，中B、中C群和总抗性频率分别为76.92%~92.0%、61.1%~72.22%、76.47%~79.3%，病圃鉴定穗瘟4.3~5.5级，叶瘟1.25~2.8级；中感白叶枯病（IV型菌3~5级，V型菌7~9级）。

（3）品质特征：米质为国标和省标优质二级，整精米率71.2%~72.5%，垩白粒率6%~7%，垩白度0.7%~1.4%，直链淀粉16.4%~22.7%，胶稠度68~85毫米，食味品质分80~81分。

（4）生产性能：2010年晚造参加省区试，平均亩产370.52公斤；2011年晚造复试，平均亩产387.5公斤。2011年晚造参加省生产试验，平均亩产345.3公斤。日产量3.28 ~ 3.43公斤。

推广情况

适宜广东中南稻作区和西南稻作区的平原地区早、晚造种植。栽培上注意防治稻瘟病和白叶枯病。广红1号是特种稻红米品种，米质好，在台山等沿海地区有较大种植面积，至2016年广东省累计推广应用面积2.6万亩。

红荔丝苗

审定编号：粤审稻2008042

品种来源：华粘占选/胜泰1号(♀)//泰湖占/澳山丝苗(♂)

育 种 者：国家植物航天育种工程技术研究中心（华南农业大学）

联 系 人：王慧

特征特性

（1）形态特征：植株较高，抽穗整齐，株型适中，叶色中，叶姿披垂，长势繁茂，穗长，但着粒疏，熟色中，易倒伏。抗寒性模拟鉴定孕穗期、开花期均为中。科高104.3～109.4厘米，穗长22.6～24.4厘米，亩有效穗数20.2万～21.4万条，每穗总粒数127.9～151.4粒，结实率79.3%～82.3%，千粒重17.3～17.9克。

（2）生长特性：感温型常规稻品种。晚造全生育期112～113天，比粳籼89早熟2天。抗稻瘟病，中B、中C群和总抗性频率分别为100%、95.2%、97.1%，病圃鉴定穗瘟3级，叶瘟1级；中感白叶枯病（Ⅳ型菌5级，Ⅴ型菌9级）；田间自然条件下，罗定试点两年均表现重感白叶枯病。

（3）品质特征：该品种为红米品种，精米米质鉴定为国标优质三级、省标优质二级，整精米率73.4%，垩白粒率12%，垩白度3.7%，直链淀粉17.3%，胶稠度70毫米，食味品质分80分。

（4）生产性能：2006年晚造初试，13个试点平均亩产375.78公斤；2007年晚造复试，平均亩产395.54公斤。2007年晚造生产试验平均亩产401.96公斤。日产量3.33～3.53公斤。

推广情况

适宜广东各地早、晚造种植。2009年被确定为广东省特种稻区试对照种。

深优9516

审定编号： 粤审稻2010042，韶审稻201207

品种来源： 深95A/R7116

育 种 者： 清华大学深圳研究生院

联 系 人： 武小金

特征特性

（1）形态特征： 植株较高，株型中集，分蘖力中强，结实率高，抗倒力强，耐寒性中。科高112.0～113.2厘米，亩有效穗数16.6万～17.4万条，穗长23.0～23.3厘米，每穗总粒数137～149粒，结实率84.1%～85.0%，千粒重27.1～27.3克。

（2）生长特性： 感温型三系杂交稻组合。晚造全生育期112～116天，与对照种粳籼89相当。抗稻瘟病，全群抗性频率88.5%，对中B群、中C群的抗性频率分别为84.4%和91.7%，病圃鉴定叶瘟1.5级、穗瘟2.0级；中感白叶枯病。

（3）品质特征： 米质鉴定为国标优质三级、省标优质三级，整精米率70.2%～70.8%，垩白粒率10%～46%，垩白度1.8%～20.0%，直链淀粉15.3%～15.4%，胶稠度70～80毫米，长宽比3.2，食味品质分79～80分。

（4）生产性能： 2008、2009年晚造参加省区试，平均亩产分别为518.5公斤和480.51公斤。2009年晚造生产试验，平均亩产446.86公斤。日产量4.29～4.48公斤。2011年参加粤北单季稻品种表证试验，平均亩产510.22公斤。

推广情况

适宜粤北稻作区作单季稻种植，适宜韶关市晚造搭配使用。广西2011—2016年累计推广种植面积396.1万亩。广东省2011—2016年累计推广种植面积489.0万亩，其中2012、2014、2015、2016年种植面积列广东省杂交稻第一位。

2012—2015年广东省农业主导品种。2011年1月通过广西引种认定，2012年通过农业部超级稻品种确认，2013年3月“超级稻新品种深优9516引进及配套栽培技术研究”获南宁市科学技术进步奖三等奖。2016年获植物新品种权（品种权号：CNA20100135.1）。

广8优2168

审定编号： 粤审稻2012007

品种来源： 广8A/GR2168

育 种 者： 广东省农业科学院水稻研究所

联 系 人： 梁世胡

特征特性

（1）形态特征： 植株较高，株型中集，分蘖力中等，抗倒力中强，耐寒性中。科高108.1～111.7厘米，亩有效穗数18.3万～19.2万条，穗长22.5～23.0厘米，每穗总粒数130～132粒，结实率80.9%～81.7%，千粒重24.4～24.7克。

（2）生长特性： 感温型三系杂交稻组合。晚造全生育期113～115天，与粳籼89相当。高抗稻瘟病，全群抗性频率94.12%～100%，对中B群、中C群抗性频率分别为100%和88.89%～100%，病圃鉴定叶瘟1.75～2.3级、穗瘟2.0级；中感白叶枯病（Ⅳ型菌3～5级，Ⅴ型菌5～7级）。

（3）品质特征： 米质鉴定为国标和省标优质三级，整精米率67.5%～68.4%，垩白粒率15%～18%，垩白度3.6%～6.3%，直链淀粉15.0%～23.7%，胶稠度44～83毫米，长宽比3.6～3.9，食味品质分79～80分。

（4）生产性能： 2009、2010年晚造参加省区试，平均亩产分别为464.59公斤和442.82公斤。2010年晚造参加省生产试验，平均亩产439.26公斤。日产量3.85～4.08公斤。2013年参加粤北单季稻品种表证试验，平均亩产478.84公斤。

推广情况

适宜粤北以外稻作区早、晚造种植。审定以来累计推广面积达50万亩以上。2014—2017年广东省农业主导品种，2015年成为广东省区域试验晚造感温迟熟组对照种。

广8优169

审定编号： 粤审稻2012008

品种来源： 广8A/GR169

育 种 者： 广东省农业科学院水稻研究所

联 系 人： 梁世胡

特征特性

（1）形态特征： 株型中集，分蘖力中强，抗倒力强，耐寒性中。科高103.8～109.4厘米，亩有效穗数17.4万～18.9万条，穗长21.8～22.1厘米，每穗总粒数144～145粒，结实率83.0%～83.3%，千粒重22.1～22.9克。

（2）生长特性： 弱感光型三系杂交稻组合。晚造全生育期115～117天，比对照种博优998长2天。抗稻瘟病，全群抗性频率88.24%～88.5%，对中B群、中C群抗性频率分别为84.4%～84.62%和88.89%～95.8%，病圃鉴定叶瘟2.0～2.25级、穗瘟1.5～3.0级；中抗白叶枯病（Ⅳ型菌3级，Ⅴ型菌7级）。

（3）品质特征： 米质鉴定为省标优质三级，整精米率70.5%～73.5%，垩白粒率23%～26%，垩白度7.5%～8.9%，直链淀粉15.4%～16.4%，胶稠度80～86毫米，长宽比3.7～3.9，食味品质分76～80分。

（4）生产性能： 2009、2010年晚造参加省区试，平均亩产分别为429.13公斤和430.60公斤。2010年晚造参加省生产试验，平均亩产421.31公斤。日产量3.68～3.76公斤。

推广情况

适宜粤北以外稻作区晚造种植。审定以来累计推广面积达70万亩以上。2014—2017年广东省农业主导品种，2015年成为广东省区域试验晚造弱感光组对照种。

广8优165

审定编号： 粤审稻2013042

品种来源： 广8A/GR165

育 种 者： 广东省农业科学院水稻研究所，广东省金稻种业有限公司

联 系 人： 梁世胡

特征特性

（1）形态特征： 株型中集，分蘖力中强，穗大粒多，抗倒力强，耐寒性中（孕穗期、开花期均为中）。科高96.0～101.5厘米，亩有效穗数18.0万～19.0万条，穗长21.1～21.3厘米，每穗总粒数150～161粒，结实率82.8%～84.1%，千粒重21.4～21.6克。

（2）生长特性： 弱感光型三系杂交稻组合。晚造全生育期119～120天，比对照种博优998长3天，与对照种博Ⅲ优273相当。中感稻瘟病，全群抗性频率78.72%～96.6%，对中B群、中C群抗性频率分别为66.67%～94.7%和89.47%～100%，病圃鉴定叶瘟2.5～4.3级、穗瘟3.5～6.5级；中感白叶枯病（Ⅳ型菌3～5级，Ⅴ型菌7级）。

（3）品质特征： 米质未达优质等级，整精米率67.3%～70.0%，垩白粒率18%～28%，垩白度1.8%～7.8%，直链淀粉13.3%，胶稠度68～72毫米，长宽比3.4～3.5，食味品质分79～83分。

（4）生产性能： 2011年晚造参加省区试，平均亩产471.25公斤；2012年晚造复试，平均亩产483.33公斤。2012年晚造参加省生产试验，平均亩产527.32公斤。日产量3.93～4.06公斤。

推广情况

适宜粤北以外稻作区晚造种植，栽培上要注意防治稻瘟病和白叶枯病。2013年推广面积2.6万亩，2014年推广面积超50万亩，2015年推广面积超70万亩。2016、2017年广东省农业主导品种。

广8优金占

审定编号： 粤审稻2014031

品种来源： 广8A/金占

育 种 者： 广东省金稻种业有限公司，广东省农业科学院水稻研究所

联 系 人： 梁世胡

特征特性

（1）形态特征： 株型中集，分蘖力中等，穗长粒多，抗倒力中强，耐寒性中强（孕穗期和开花期均为中强）。科高104.5～105.4厘米，亩有效穗数17.6万～18.0万条，穗长23.0～23.1厘米，每穗总粒数152～153粒，结实率80.9%～82.0%，千粒重22.9～23.7克。

（2）生长特性： 感温型三系杂交稻组合。晚造全生育期114～115天，比对照种深优97125长3～4天。抗稻瘟病，全群抗性频率93.5%～93.62%，对中B群、中C群抗性频率分别为87.5%和100%，病圃鉴定叶瘟1.8～2.0级、穗瘟3.0～3.5级；感白叶枯病（Ⅳ型菌3～7级，Ⅴ型菌7级）。

（3）品质特征： 米质鉴定为国标优质三级和省标优质二级，整精米率53.7%～59.6%，垩白粒率3%～13%，垩白度0.8%～3.4%，直链淀粉15.1%～17.0%，胶稠度52～78毫米，长宽比3.5～3.7，食味品质分85分。

（4）生产性能： 2012、2013年晚造参加省区试，平均亩产分别为477.26公斤和468.76公斤。2013年晚造参加省生产试验，平均亩产456.60公斤。日产量4.11～4.15公斤。

推广情况

适宜粤北稻作区和中北稻作区早、晚造种植。2015年推广面积15.0万亩，2016年推广面积25.0万亩。

泰丰优55

审定编号：粤审稻2011011

品种来源：泰丰A/广恢55

育 种 者：广东省农业科学院水稻研究所

联 系 人：王丰

特征特性

（1）形态特征：株型中集，分蘖力强，有效穗多，抗倒力中等，耐寒性中。科高99.5～100.8厘米，亩有效穗数19.8万～19.9万条，穗长21.5～22.6厘米，每穗总粒数133～140粒，结实率81.0%，千粒重22.3～22.6克。

（2）生长特性：弱感光型三系杂交稻组合。晚造平均全生育期112～114天，与对照种博优998相当。抗稻瘟病，全群抗性频率88.5%～90.5%，对中B群、中C群的抗性频率分别为78.1%～89.2%和96.3%～100%，病圃鉴定叶瘟2.8级、穗瘟3.0级；高感白叶枯病（Ⅳ型菌9级、Ⅴ型菌9级）。

（3）品质特征：米质鉴定为国标优质三级、省标优质三级，整精米率71.4%～72.1%，垩白粒率22%～42%，垩白度5.0%～21.6%，直链淀粉16.1%～18.0%，胶稠度75毫米，长宽比3.9～4.0，食味品质分79～82分。

（4）生产性能：2008、2009年晚造参加省区试，平均亩产分别为454.3公斤和431.29公斤。2009年晚造生产试验平均亩产426.98公斤。日产量3.85～3.98公斤。

推广情况

适宜广东粤北以外稻作区晚造种植。审定以来推广面积约50多万亩。

永丰优9802

审定编号： 粤审稻2013045

品种来源： 永丰A/粤恢9802

育 种 者： 广东粤良种业有限公司

联 系 人： 刘康平

特征特性

（1）形态特征： 株型中集，分蘖力中等，成穗率较高，后期熟色好，抗倒力中强，耐寒性弱（孕穗期为中弱，开花期为弱）。科高98.9～100.9厘米，亩有效穗数18.2万～19.8万条，穗长23.5～23.6厘米，每穗总粒数130～141粒，结实率82.1%～83.8%，千粒重24.0～25.0克。

（2）生长特性： 弱感光型三系杂交稻组合。晚造全生育期119～120天，比对照种博优998长3天，与对照种博Ⅲ优273相当。高抗稻瘟病，全群抗性频率93.1%～97.78%，对中B群、中C群的抗性频率分别为92.1%～95.45%和94.4%～100%，病圃鉴定叶瘟1.5～2.8级、穗瘟2.5级；中感白叶枯病（Ⅳ型菌3～5级，Ⅴ型7～9级）。

（3）品质特征： 米质鉴定为国标和省标优质二级，整精米率58.2%～65.1%，垩白粒率13%～19%，垩白度1.3%～2.9%，直链淀粉16.0%，胶稠度83～86毫米，长宽比3.5，食味品质分80～86分。

（4）生产性能： 2011年晚造参加省区试，平均亩产488.13公斤；2012年晚造复试，平均亩产为509.31公斤。2012年晚造参加省生产试验，平均亩产560.16公斤。日产量4.07～4.28公斤。

推广情况

适宜广东中南和西南稻作区的平原地区晚造种植。目前在广东推广种植面积约60万亩，广西推广种植面积约40万亩，海南推广种植面积约5万亩，福建推广种植面积约3万亩。2015年广东省农业主导品种。

深两优870

审定编号：粤审稻2014037

品种来源：深08S/P5470

育 种 者：广东兆华种业有限公司，深圳市兆农农业科技有限公司

联 系 人：王键宽

特征特性

（1）形态特征：株型中集，分蘖力中弱，抗倒力强，耐寒性中（孕穗期和开花期均为中），后期熟色好。科高96.0～97.6厘米，亩有效穗15.0万～16.4万，穗长23.5～24.3厘米，每穗总粒数149～152粒，结实率83.0%～84.2%，千粒重26.2～26.7克。

（2）生长特性：感温型两系杂交稻组合。晚造平均全生育期117天，与对照种粤晶丝苗2号相当。抗稻瘟病，全群抗性频率93.5%～95.7%，对中B群、中C群的抗性频率分别为93.8%～95.8%和92.3%～94.7%，病圃鉴定叶瘟1.6～2.3级、穗瘟3.0级；感白叶枯病（Ⅳ型菌7级，Ⅴ型7级）。

（3）品质特征：米质鉴定为国标优质3级和省标优质3级，整精米率61.4%～68.5%，垩白粒率12%～15%，垩白度1.2%～1.6%，直链淀粉13.7%～15.4%，胶稠度60～68毫米，长宽比3.2～3.3，食味品质分76～80分。

（4）生产性能：2012、2013年晚造参加省区试，平均亩产分别为496.67公斤和446.63公斤；2013年晚造参加省生产试验，平均亩产430.08公斤；2014年参加粤北单季稻品种表证试验表现：平均亩产589.00公斤。日产量3.82～4.25公斤。

推广情况

适宜粤北以外稻作区早、晚造种植，粤北稻作区作单季稻种植。该品种目前主要在广东、广西、福建、海南、安徽、河南、湖南、湖北等省种植，到2017年累计推广面积150万亩左右。为2016、2017、2018年广东省农业主导品种。

Y两优3088

审定编号：粤审稻2014038，琼审稻2016026

品种来源：Y58S/恢3088

育 种 者：广东海洋大学农学院，湖南杂交水稻研究中心，广东天弘种业有限公司

联 系 人：郭建夫

特征特性

（1）形态特征：株型中集，分蘖力中强，穗长粒多，抗倒力较强，耐寒性中（孕穗期和开花期均为中）。科高98.4～99.4厘米，亩有效穗数16.3万～17.2万条，穗长24.0～24.6厘米，每穗总粒数162～170粒，结实率77.9%～80.6%，千粒重22.4～22.6克。

（2）生长特性：感温型两系杂交稻组合。晚造全生育期116～118天，与对照种粤晶丝苗2号相当。抗稻瘟病，全群抗性频率96.8%～97.9%，对中B群、中C群抗性频率分别为93.8%～95.8%和100%，病圃鉴定叶瘟1.3～2.2级、穗瘟2.5～3.0级；中感白叶枯病（Ⅳ型菌5级，Ⅴ型菌7级）。

（3）品质特征：米质鉴定为国标优质三级和省标优质三级，整精米率65.0%～70.5%，垩白粒率15%～20%，垩白度1.2%～1.8%，直链淀粉14.3%～15.5%，胶稠度55～69毫米，长宽比3.2～3.3，食味品质分79～82分。

（4）生产性能：2012、2013年晚造参加省区试，平均亩产分别为491.01公斤和438.92公斤。2013年晚造参加省生产试验，平均亩产451.53公斤。日产量3.78～4.23公斤。

推广情况

适宜粤北以外稻作区早、晚造种植，粤北稻作区作单季稻种植。2014年以来累计推广超过55万亩。2017年广东省农业主导品种，2015年获“广东省十佳优质稻米品种”称号。

吉丰优3301

审定编号：粤审稻2014035

品种来源：吉丰A/闽恢3301

育 种 者：广东省农业科学院水稻研究所，福建省农业科学院生物技术研究所，广东省金稻种业有限公司

联 系 人：王丰

特征特性

（1）形态特征：株型中集，分蘖力中等，粒大，抗倒力较强，耐寒性中弱（孕穗期为中，开花期为中弱）。科高99.1～102.4厘米，亩有效穗数16.1万～16.7万条，穗长22.2～22.3厘米，每穗总粒数128～132粒，结实率85.0%～85.4%，千粒重30.0～30.2克。

（2）生长特性：感温型三系杂交稻组合。晚造全生育期112～113天，比对照种粤晶丝苗2号短3～4天。抗稻瘟病，全群抗性频率96.8%～97.9%，对中B群、中C群抗性频率分别为93.8%～95.8%和100%，病圃鉴定叶瘟1.8～2.3级、穗瘟2.6～3.0级；中感白叶枯病（Ⅳ型菌5级，Ⅴ型菌7～9级）。

（3）品质特征：米质鉴定为国标优质三级和省标优质三级，整精米率52.3%～57.8%，垩白粒率3%～22%，垩白度3.9%～5.4%，直链淀粉20.1%～22.1%，胶稠度82毫米，长宽比3.3～3.4，食味品质分74～75分。

（4）生产性能：2012、2013年晚造参加省区试，平均亩产分别为514.76公斤和470.36公斤。2013年晚造参加省生产试验，平均亩产498.17公斤。日产量4.16～4.60公斤。2014年参加粤北单季稻品种表证试验，平均亩产592.75公斤。

推广情况

适宜粤北以外稻作区早造、中南和西南稻作区的平原地区晚造种植。2014年以来，累计推广近20万亩。

双优2088

审定编号：粤审稻2012033

品种来源：双青A/弘恢2088

育 种 者：广东海洋大学农业生物技术研究所，广东天弘种业有限公司

联 系 人：郭建夫

特征特性

（1）**形态特征**：株型中集，分蘖力中强，穗长粒多，抗倒力、耐寒性均为中，后期熟色好。科高109.3～111.4厘米，亩有效穗数18.2万～19.0万条，穗长23.8～23.9厘米，每穗总粒数148粒，结实率81.2%～81.6%，千粒重23.7～23.9克。

（2）**生长特性**：感温型三系杂交稻组合。晚造全生育期117～118天，比对照种粳籼89长3天。中感稻瘟病，全群抗性频率74.1%～79.41%，对中B群、中C群抗性频率分别为61.54%～65.8%和88.89%～88.9%，病圃鉴定叶瘟3.25～4.1级、穗瘟3.0～5.0级；中感白叶枯病（Ⅳ型菌3～5级，Ⅴ型菌9级）。

（3）**品质特征**：米质鉴定为国标和省标优质二级，整精米率62.9%～65.3%，垩白粒率12%～20%，垩白度2.6%～4.6%，直链淀粉22.2%，胶稠度40～65毫米，长宽比3.5，食味品质分81分。

（4）**生产性能**：2010、2011年晚造参加省区试，平均亩产分别为473.85公斤和479.38公斤；2011年晚造参加省生产试验，平均亩产569.3公斤。日产量4.05～4.06公斤。2013年参加粤北单季稻品种表证试验，平均亩产482.75公斤。

推广情况

适宜粤北以外稻作区早、晚造种植，粤北稻作区作单季稻种植，栽培上要注意防治稻瘟病和白叶枯病。2012年以来累计推广超过100万亩。2014、2015年广东省农业主导品种。

深优9708

审定编号：粤审稻2012030

品种来源：深97A/R8108

育 种 者：国家杂交水稻工程技术研究中心清华深圳龙岗研究所

联 系 人：孟祥伦

特征特性

（1）形态特征：株型中集，分蘖力中弱，抗倒力强，耐寒性中。科高102.1～105.9厘米，亩有效穗数18.1万～19.1万条，穗长23.5～24.3厘米，每穗总粒数142～144粒，结实率79.5%～80.1%，千粒重25.1～25.9克。

（2）生长特性：感温型三系杂交稻组合。晚造全生育期110～112天，与对照种优优122相当。高抗稻瘟病，全群抗性频率97.06%～100%，对中B群、中C群的抗性频率分别为92.31%～100%和100%，病圃鉴定叶瘟1.4～1.5级、穗瘟2.5～2.8级；感白叶枯病（Ⅳ型菌7级，Ⅴ型菌9级）。

（3）品质特征：米质鉴定为国标和省标优质三级，整精米率65.4%～69.9%，垩白粒率17%～21%，垩白度3.9%～5.5%，直链淀粉15.0%，胶稠度66～80毫米，长宽比2.9，食味品质分81～82分。

（4）生产性能：2010、2011年晚造参加省区试，平均亩产分别为479.62公斤和478.88公斤。2011年晚造参加省生产试验，在感温中熟组平均亩产453.0公斤；在早熟组平均亩产475.22公斤。日产量4.28～4.36公斤。

推广情况

适宜广东各地早、晚造种植。近3年应用面积30万亩以上。2016年广东省农业主导品种。

天优998

审定编号：粤审稻2004008，赣审稻2005041，国审稻2006052

品种来源：天丰A/广恢998

育 种 者：广东省农业科学院水稻研究所

联 系 人：梁世胡

特征特性

（1）形态特征：分蘖力中等，株型紧凑，叶片偏软。株高96.7～99.3厘米，穗长21.2厘米，每穗总粒数126～129粒，结实率80.9%，千粒重24.2～25.3克。

（2）生长特性：感温型三系杂交稻组合。晚造平均全生育期109～111天，与培杂双七相近。抗稻瘟病，全群抗性频率89.1%，对优质种群中C群、次优势种群中B群的抗性频率分别为95.1%和83.7%，田间叶瘟发生中等偏轻，穗瘟发生轻微；对我省白叶枯病优质菌群C4和次优势菌群C5分别表现中抗和中感。抗倒力和后期耐寒力均较强。

（3）品质特征：晚造米质达国标优质二级，外观品质鉴定为一级，整精米率61.5%～62.4%，垩白粒率10%～35%，垩白度2.5%～5.3%，直链淀粉21.5%～22.43%，胶稠度58～65毫米，长宽比3.1～3.2。

（4）生产性能：2002、2003年晚造参加省区试，平均亩产分别为440.6公斤和450.6公斤，日产量约3.9公斤。

推广情况

适合广东、广西早晚稻作中熟种植，适合湖南、江西、浙江和福建作中迟熟或中熟晚籼稻种植。审定以来累计推广超过2519万亩。2006年分别被农业部和广东省认定为国家首批超级稻品种和高新技术产品；2005—2013年被列为广东省农业主导品种，2008—2016年被列为国家农业主导品种；2009年获广东省农业技术推广奖一等奖。

华优638

审定编号： 粤审稻2006033

品种来源： Y华农A/R638

育 种 者： 肇庆市农业科学研究所，华南农业大学农学院，广东杂种优势开发利用中心（中心企业改制后为：广东源泰农业科技有限公司）

联 系 人： 李新昌

特征特性

（1）形态特征： 分蘖力强，有效穗多，茎秆粗壮，抗倒力强，后期耐寒力弱，株高100.3～106.8厘米，穗长20.6～21.1厘米，每穗总粒数135～139粒，结实率81.1%～83.1%，千粒重22.3～22.9克。

（2）生长特性： 感温型三系杂交稻组合。晚造全生育期113～114天，比培杂双七迟熟2～4天。抗稻瘟病，全群抗性频率79.1%，对中C群、中B群的抗性频率分别为87.5%和50%，田间发病轻微；感白叶枯病，对C4、C5菌群均表现感，田间监测结果白叶枯病发生中等，个别点大发生。

（3）品质特征： 晚造米质为省标优质三级，整精米率60.3%～71.4%，垩白粒率10%～29%，垩白度2.7%～7.1%，直链淀粉含量21.2%～23.0%，胶稠度61毫米，长宽比2.7～2.8，食味品质分79分。

（4）生产性能： 2003、2004年晚造参加省区试，平均亩产分别为455.3公斤和465.5公斤。

推广情况

适宜粤北以外稻作区早造、中南和西南稻作区晚造种植。审定以来累计推广超过172万亩，其中广西种植46万亩。2008—2013年广东省农业主导品种，2009年获植物新品种权（品种权号：CNA20050943.8），获2010年广东省农业技术推广奖三等奖。

华优86

审定编号： 粤审稻200119，国审稻2001025，桂审稻200052，琼审稻2006008

品种来源： Y华农/明恢86

育 种 者： 华南农业大学农学院，广西藤县种子公司，广东饶平县种子公司

联 系 人： 蔡善信

特征特性

（1）形态特征： 植株高大，株高109厘米，株叶型集散适中，茎秆粗壮，耐肥抗倒，穗大粒多，结实率高，后期青枝腊秆，熟色良好，亩有效穗数约17万条，穗长约23厘米，每穗总粒数142粒，结实率82%，千粒重约25克，抗倒力强。

（2）生长特性： 感温型杂交稻组合，晚造全生育期115天。高抗稻瘟病，全群抗性比95%，中C群97.43%，感白叶枯病（7级）。

（3）品质特征： 稻米外观品质鉴定为晚造二级，整精米率59.5%～68.6%，长宽比2.6～2.5，垩白度28.1%～8.3%，透明度3～1级，胶稠度49～42毫米，直链淀粉含量19.8%～22.2%。

（4）生产性能： 华优86在广东、广西、海南三省区试中均增产极显著，名列同组第一；广东省16个点区试，两年平均增产10.41%，超过广适型超级稻增产指标。日产量约4.1公斤。

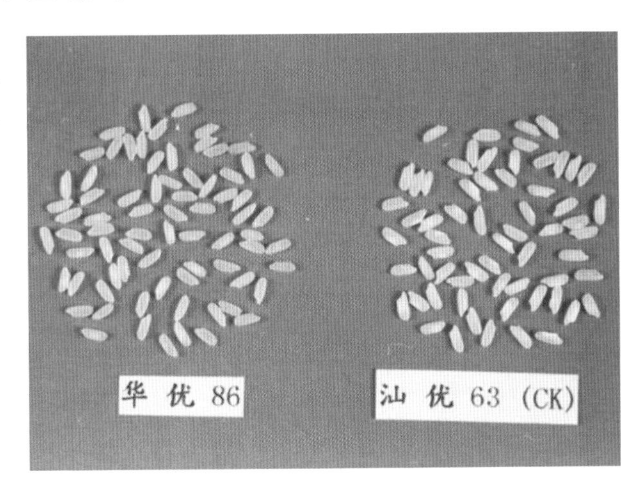

推广情况

适宜广东中南部地区早、晚造种植。华优86于2000、2001、2006年先后通过广西、广东、国家、海南农作物品种审定，是“Y”型杂交水稻的先锋组合，也是广东省第一个自主创新、推广面积最大的新质型杂交水稻。据不完全统计，至2011年已在两广和海南推广种植800多万亩，其中广东省505.15万亩。2005—2009年广东省农业主导品种，2011年获广东省农业技术推广奖二等奖。

五优308

审定编号：粤审稻2006059

品种来源：五丰A/广恢308

育 种 者：广东省农业科学院水稻研究所

联 系 人：王丰

特征特性

（1）形态特征：株型适中，分蘖力较强，茎秆矮壮，叶片厚直，抗倒力较强，有效穗多，穗大粒密，后期熟色好。科高90~100厘米，每穗总粒数145~160粒，结实率80%左右，千粒重23.6克。

（2）生长特性：感温型三系杂交稻组合。早造全生育期125～127天，与中9优207相当。广东省区试抗性鉴定高抗稻瘟病，全群抗性频率达到93.2%，对广东优势菌群中C群和中B群抗性频率分别为100%和92.63%；中感白叶枯病。

（3）品质特征：国家区试鉴定整精米率59.1%，长宽比2.9，垩白粒率6%，垩百度0.8%，胶稠度58毫米，直链淀粉含量20.6%，米质达国标优质一级。

（4）生产性能：2005、2006年早造参加省区试，平均亩产分别为491.2公斤和438.6公斤；2006年早造参加省生产试验，平均亩产448.2公斤。2010年晚造参加杂交稻早熟组生产试验，平均亩产404.25公斤。

推广情况

适宜广东各地早、晚造种植。2008年以来，在广东、江西、湖南、湖北、安徽和广西等省区累计推广超过3000万亩。2011—2013年、2015—2017年广东省农业主导品种，2012年开始五优308连续多年被列为国家及广东、江西、湖南、广西等省区的主导品种。

天优3618

审定编号：粤审稻2009004

品种来源：天丰A/广恢3618

育 种 者：广东省农业科学院水稻研究所

联 系 人：王丰

特征特性

（1）形态特征：株型中集，分蘖力和抗倒力中等，穗大粒密，后期熟色好。耐寒性模拟鉴定孕穗期、开花期均为中强。科高96.6～98.2厘米，穗长19.6厘米，每穗总粒数143粒，结实率76.1%～79.3%，千粒重23.8～24.9克。

（2）生长特性：感温型三系杂交稻组合。早造平均全生育期126～127天，与粤香占相近。抗稻瘟病，全群抗性频率95.7%，对中C群、中B群的抗性频率分别为96.0%和92.1%，田间监测结果表现抗叶瘟、中抗穗瘟；中感白叶枯病，对C4菌群、C5菌群均表现中感。

（3）品质特征：米质未达优质标准，整精米率53.4%～61.2%，垩白粒率38%～45%，垩白度20.0%～23.6%，直链淀粉21.4%～22.6%，胶稠度52～55毫米，长宽比3.2～3.3，食味品质分74～75分。

（4）生产性能：2007、2008年早造参加省区试，平均亩产分别为462.1公斤和471.9公斤；2008年早造参加省生产试验，平均亩产474.4公斤。2011年10月30日，通过百亩示范方测产验收，113.3亩示范方折合标准产量为平均亩产729.9公斤。

推广情况

适宜我省粤北以外稻作区早、晚造种植，适宜湖南、江西等省种植。2012年以来，累计种植面积115万亩左右。2010年被农业部认定为超级稻品种，2013—2017年列为广东省农业主导品种。

恒丰优387

审定编号：粤审稻2013014

品种来源：恒丰A/R387

育 种 者：湛江市农业科学研究所，广东粤良种业有限公司

联 系 人：刘康平

特征特性

（1）形态特征：株型中集，分蘖力中强，穗大粒多，抗倒力中等，耐寒性中。科高106.1～110.0厘米，亩有效穗数18.4万～18.8万条，穗长21.9～22.9厘米，每穗总粒数136～150粒，结实率78.2%～81.0%，千粒重25.4～26.5克。

（2）生长特性：感温型三系杂交稻组合。早造全生育期125～131天，比对照种天优122长2～3天。高抗稻瘟病，全群抗性频率91.7%～97.3%，对中B群、中C群的抗性频率分别为83.3%～100%和94.44%～96.2%，病圃鉴定叶瘟2.0～3.5级、穗瘟2.5级；感白叶枯病（Ⅳ型菌7级、Ⅴ型菌9级）。

（3）品质特征：米质未达优质等级，整精米率32.9%，垩白粒率17%～76%，垩白度2.2%～32.8%，直链淀粉11.7%～14.5%，胶稠度78～88毫米，长宽比3.2～3.4，食味品质分79～85分。

（4）生产性能：2011、2012年早造参加省区试，平均亩产分别为510.5公斤和462.08公斤；2012年早造参加省生产试验，平均亩产488.37公斤。日产量3.70～3.90公斤。2013年参加粤北单季稻品种表证试验，平均亩产502.08公斤。

推广情况

适宜粤北以外稻作区早、晚造种植。目前在广东推广种植面积约100万亩，广西推广种植面积约60万亩，福建推广种植面积约20万亩。

2014、2015年广东省农业主导品种，2016年荣获湛江市科技进步一等奖。

Y两优1173

审定编号：粤审稻2015016

品种来源：Y58S/航恢1173

育 种 者：国家植物航天育种工程技术研究中心（华南农业大学）

联 系 人：刘永柱

特征特性

（1）形态特征：株型中集，分蘖力中强，穗长粒多，抗倒力中强，耐寒性中（孕穗期为中强，开花期为中）。科高107.6~109.5厘米，亩有效穗数16.5万~17.3万条，穗长26.3~26.7厘米，每穗总粒数179~180粒，结实率83.3%~83.4%，千粒重20.4~20.7克。

（2）生长特性：感温型两系杂交稻组合。早造全生育期125天，比对照种天优122长3天。抗稻瘟病，全群抗性频率94.3%~96.97%，对中B群、中C群抗性频率分别为94.44%~100%和85.7%~100%，病圃鉴定叶瘟1.0~1.3级、穗瘟3.0级；感白叶枯病（Ⅳ型菌7级、Ⅴ型菌7~9级）。

（3）品质特征：米质未达优质等级，整精米率34.6%~43.5%，垩白粒率9%~16%，垩白度1.3%~2.6%，直链淀粉12.1%~14.4%，胶稠度70~88毫米，长宽比3.2，食味品质分71~83分。

（4）生产性能：2013、2014年早造参加省区试，平均亩产分别为488.54公斤和476.42公斤。2014年早造参加省生产试验，平均亩产468.62公斤。日产量3.81~3.91公斤。

推广情况

适宜广东各地早、晚造种植以及粤北稻区单季稻种植。审定以来，在广东累计推广应用近20万亩。2017年农业部认定为超级稻品种。

吉丰优1002

审定编号：粤审稻2013040

品种来源：吉丰A×广恢1002

育 种 者：广东省农业科学院水稻研究所，广东省金稻种业有限公司

联 系 人：王丰

特征特性

（1）形态特征：株型中集，分蘖力中强，抗倒力强，耐寒性中弱（孕穗期为中，开花期为中弱）。科高99.5～102.0厘米，亩有效穗数17.3万～18.2万条，穗长20.1～21.3厘米，每穗总粒数131～142粒，结实率85.5%～85.6%，千粒重25.2～26.5克。

（2）生长特性：弱感光型三系杂交稻组合。晚造平均全生育期120～122天，比对照种博优998长5天，与博Ⅲ优273相当。高抗稻瘟病，全群抗性频率100%，对中B群、中C群的抗性频率均为100%，病圃鉴定叶瘟2.0～2.5级、穗瘟2.3～2.5级；感白叶枯病（Ⅳ型菌5～7级，Ⅴ型7级）。

（3）品质特征：米质未达优质等级，整精米率57.5%～67.8%，垩白粒率28%～40%，垩白度4.2%～5.7%，直链淀粉22.0%，胶稠度44～84毫米，长宽比3.0～3.1，食味品质分75～77分。

（4）生产性能：2011年晚造参加广东省区试，平均亩产为494.95公斤；2012年晚造复试，平均亩产为505.89公斤。2012年晚造参加广东省生产试验，平均亩产552.06公斤。日产量4.06～4.22公斤。

推广情况

2017年被确认为超级稻品种。适宜广东省中南和西南稻作区的平原地区晚造种植，审定以来累计推广超过15万亩。

五优1179

审定编号：粤审稻2015014

品种来源：五丰A/航恢1179

育 种 者：国家植物航天育种工程技术研究中心（华南农业大学）

联 系 人：刘永柱

特征特性

（1）形态特征：株型中集，分蘖力中等，穗大粒多，抗倒力强，耐寒性中（孕穗期和开花期均为中）。科高103.4～103.7厘米，亩有效穗数16.8万～17.8万条，穗长21.9～22.0厘米，每穗总粒数157～162粒，结实率79.4%，千粒重23.5～23.7克。

（2）生长特性：感温型三系杂交稻组合。早造全生育期123～124天，比对照种华优665长2～3天。抗稻瘟病，全群抗性频率91.18%～100%，对中B群、中C群抗性频率分别为84.21%～100%和100%，病圃鉴定叶瘟2.0～2.5级、穗瘟3.0～3.5级；高感白叶枯病（Ⅳ型菌5～9级、Ⅴ型菌7～9级）。

（3）品质特征：米质未达优质等级，整精米率28.3%～32.4%，垩白粒率11%～13%，垩白度2.3%～3.4%，直链淀粉13.6%～15.6%，胶稠度80～90毫米，长宽比2.7～2.8，食味品质分76～78分。

（4）生产性能：2013年早造参加省区试，平均亩产477.19公斤；2014年早造复试，平均亩产512.03公斤。2014年早造参加省生产试验，平均亩产494.35公斤。日产量3.85～4.16公斤。2015年晚造参加杂交稻早熟组生产试验，平均亩产498.58公斤。

推广情况

适宜广东各地早、晚造种植。近3年累计推广应用20多万亩。父本“航恢1179”2016年获得植物新品种保护授权。

五丰优615

审定编号：粤审稻2012011

品种来源：五丰A/广恢615

育 种 者：广东省农业科学院水稻研究所

联 系 人：江奕君

特征特性

（1）形态特征：株型中集，分蘖力中等，穗大粒多，抗倒力中强，耐寒性中强，后期熟色好。科高98.6～102.1厘米，亩有效穗数17.7万～18.1万条，穗长21.4～21.7厘米，每穗总粒数157～168粒，结实率80.3%～85.0%，千粒重22.2～22.9克。

（2）生长特性：感温型三系杂交稻组合。早造全生育期129天，与对照种粤香占相当。中抗稻瘟病，全群抗性频率92.86%～100%，对中B群、中C群的抗性频率分别为81.25%～100%和100%，病圃鉴定叶瘟1.4～2.5级（单点最高4.0级）、穗瘟1.8～4.0级（单点最高7.0级）；感白叶枯病（Ⅳ型菌7级、Ⅴ型菌9级）。

（3）品质特征：米质未达优质等级，整精米率43.6%～68.7%，垩白粒率50%～58%，垩白度19.0%～23.5%，直链淀粉12.1%～14.4%，胶稠度86～88毫米，长宽比2.9～3.3，食味品质分75～81分。

（4）生产性能：2010、2011年早造参加省区试，平均亩产分别为447.22公斤和543.42公斤。2011年早造参加省生产试验，平均亩产478.19公斤。日产量3.47～4.21公斤。2012年参加粤北单季稻品种表证试验，平均亩产508.89公斤。

推广情况

适宜粤北以外稻作区早、晚造种植，栽培上要注意防治稻瘟病和白叶枯病。多年推广应用面积居杂交稻品种前列，至2016年广东省累计推广面积300多万亩。2014—2017年广东省农业主导品种。2014年农业部认定为超级稻品种。

华优665

审定编号： 粤审稻2006023

品种来源： Y华农A/R665

育 种 者： 广东农作物杂种优势开发利用中心（企业改制后为：广东源泰农业科技有限公司），华南农业大学农学院

联 系 人： 陆希声

特征特性

（1）形态特征： 分蘖力强，株型中集，有效穗多，抗倒力弱，后期有早衰现象。株高105.9～108.2厘米，穗长21.3厘米，每穗总粒数135粒，结实率86.2%，千粒重23.7克。

（2）生长特性： 感温型三系杂交稻组合。早造全生育期123～125天，与华优8830和中9优207相当。抗稻瘟病，全群抗性频率95.5%，对中C群、中B群的抗性频率分别为95.63%和94.73%，田间发病轻；中感白叶枯病，对C4菌群、C5菌群均表现中感，田间监测发病中等。

（3）品质特征： 早造米质未达国标优质等级，外观品质为二级，整精米率54.8%，垩白粒率36%，垩白度10.8%，直链淀粉含量17.5%，胶稠度50毫米，长宽比2.6。

（4）生产性能： 2004、2005年早造参加省区试，平均亩产分别为516公斤和480.3公斤。

推广情况

适宜广东各稻作区早造、中南和西南稻作区晚造种植。审定以来累计推广超过135万亩。2007—2009年、2011—2013年广东省农业主导品种。被列为广东省区试、生产试验早熟组对照种。

湛优226

审定编号：粤审稻2006027

品种来源：湛A/HR226

育 种 者：广东海洋大学农业生物技术研究所，广东天弘种业有限公司

联 系 人：郭建夫

特征特性

（1）形态特征：分蘖力中等，株型集，剑叶窄直，后期熟色好。株高104.7～107.1厘米，穗长22.5～23.2厘米，穗大粒多，每穗总粒数141～147粒，结实率79.4%～87.5%，千粒重23.1克。

（2）生长特性：感温型三系杂交稻组合。早造全生育期128天，比优优4480迟熟9天，与培杂双七相当。抗稻瘟病，全群抗性频率84.03%，对中C群、中B群抗性频率分别为87.06%和65%，田间发病轻微；中抗白叶枯病，对C4、C5菌群分别表现中抗和中感；抗倒力中弱，晚造后期耐寒力中强。

（3）品质特征：早造米质未达国标优质等级，外观品质为早造二级，整精米率43.6%～51.0%，垩白粒率17%～22%，垩白度6.8%～11.0%，直链淀粉含量19.8%～24.0%，胶稠度60毫米，长宽比2.6～2.7。

（4）生产性能：2003、2004年早造参加省区试，平均亩产分别为466.7公斤和526.9公斤。

推广情况

适宜粤北以外稻作区早、晚造种植。2006年以来累计推广超过250万亩。2009—2012年广东省农业主导品种，获2011年度广东省农业技术推广奖一等奖。

天丰优316

审定编号：粤审稻2006031，国审稻2009024

品种来源：天丰A/汕恢316

育 种 者：汕头市农业科学研究所，广东省农业科学院水稻研究所

联 系 人：王新

特征特性

（1）形态特征：分蘖力中等，株型中集，剑叶直，抗倒力中强，后期熟色好。株高101.4～104.5厘米，穗长21.4～22.5厘米，穗大粒多，着粒密，每穗总粒数160粒，结实率82.4%，千粒重24克。

（2）生长特性：感温三系杂交稻组合。早造全生育期127天，与培杂双七相当。高抗稻瘟病，全群抗性频率97.7%，对中C群、中B群抗性频率分别为98.54%和97.37%，田间发病轻；中抗白叶枯病，对C4菌群、C5菌群分别表现中感和感，田间监测发病轻。

（3）品质特征：早造米质未达国标优质等级，外观品质为早造二级，整精米率47.2%，垩白粒率23%，垩白度3.4%，直链淀粉含量20.1%，胶稠度78毫米，长宽比3.0。

（4）生产性能：2004、2005年早造参加省区试，平均亩产分别为538.6公斤和419.4公斤。

推广情况

适宜广西中北部、广东北部、福建中北部、江西中南部、湖南中南部、浙江南部白叶枯病轻发的双季稻区作晚稻种植。适宜广东各稻作区晚造、粤北以外稻作区早造种植。至2015年，在广东省累计推广119.28万亩。至2013年，在江西省吉安市累计推广36.7万亩。

2010—2012年广东省农业主导品种，其恢复系汕恢316于2018年获得植物新品种权（品种权号：CNA20040725.2）。“优质水稻恢复系汕恢316的选育及其系列组合的示范与推广”2016年获汕头市农业技术推广奖一等奖。

特优816

审定编号： 粤审稻2009011

品种来源： 龙特浦A/FR816

育 种 者： 广东田联种业有限公司

联 系 人： 梁耿文

特征特性

（1）形态特征： 植株较高，株型中集，分蘖力和抗倒力中弱，剑叶较宽、长，穗大粒多，后期熟色好。耐寒性模拟鉴定孕穗期为中，开花期为中强。科高112.9～115.6厘米，穗长24.4～24.5厘米，每穗总粒数134～147粒，结实率79.0%～79.8%，千粒重28.6～29.8克。

（2）生长特性： 感温型三系杂交稻组合。早造全生育期131～132天。高抗稻瘟病，全群抗性频率96.6%，对中C群、中B群抗性频率分别为98.0%和92.1%，田间监测结果表现抗叶瘟、高抗穗瘟。

（3）品质特征： 米质未达优质标准，整精米率52.6%，垩白粒率88%～100%，垩白度29.9%～69.8%，直链淀粉22.6%，胶稠度50～52毫米，长宽比2.5，食味品质分70～73分。

（4）生产性能： 2007、2008年早造参加省区试，平均亩产分别为452.4公斤和422.5公斤；2008年早造参加省生产试验，平均亩产461.3公斤。2011年参加粤北单季稻品种表证试验，平均亩产570.63公斤。

推广情况

特优816是特优系列品种中唯一一个高抗稻瘟病品种，适宜粤北以外稻作区早、晚造种植，栽培上要注意防治白叶枯病。根据广东省种子管理总站统计，到2015年年底，该品种在广东省累计推广面积达123.7万亩。目前该品种已在海南、福建、江西、湖南和湖北推广应用，预计2017年推广面积可达到170万亩以上。2014年获得植物新品种权（品种权号：CNA20090055.1），2017年获得广东省农业技术推广奖二等奖。

合美占

审定编号：粤审稻2008006

品种来源：丰美占/合丝占

育 种 者：广东省农业科学院水稻研究所

联 系 人：江奕君

特征特性

（1）形态特征：株型适中，叶色浓绿，抽穗整齐，结实率高，后期熟色好，抗倒性、苗期耐寒性中等。抗寒性模拟鉴定孕穗期为中弱，开花期为中弱。株高97.7~99.9厘米，穗长20.7~21.5厘米，亩有效穗数22.6万~23.2万条，每穗总粒数117.2~117.8粒，结实率85.0%~86.1%，千粒重18.8~19.6克。

（2）生长特性：属早、中、晚兼用感温型常规稻品种，早造全生育期129~130天。中感稻瘟病，中B、中C群和总抗性频率分别为57.1%、72.2%、68.5%，病圃鉴定穗瘟5.7级，叶瘟3级；中抗白叶枯病（3级）；田间自然条件下，2007年罗定试点中感白叶枯病。

（3）品质特征：稻米品质优良，属典型的广东优质丝苗米。早造米质达省标优质三级，直链淀粉16.8%，胶稠度70毫米，饭味浓，口感好，食味品质分90分。

（4）生产性能：超高产性能突出，为适应性广、稳产性好的优质超级稻品种。2007年早造生产试验平均亩产445公斤。日产量3.23~3.30公斤。

推广情况

适宜广东中南和西南稻作区的平原地区早、晚造种植，栽培上要注意防治稻瘟病和白叶枯病。广东省各地粮食高产创建的主导品种，至2016年广东省累计推广应用面积560多万亩。2010年农业部认定为超级稻品种，2009—2013年、2015—2017年广东省农业主导品种，2009—2012年广州市农业主导品种；2015年获得植物新品种权（品种权号：CNA20100719.6）。

航香糯

审定编号：粤审稻2009025

品种来源：“南丰糯”经太空诱变处理后选育而成

育 种 者：广东省农业科学院水稻研究所

联 系 人：潘大建

特征特性

（1）形态特征：科高105.6～106.6厘米，穗长19.6～20.0厘米，亩有效穗数18.4万～20.6万条，每穗总粒数121～136粒，结实率81.0%～83.8%，千粒重21.0～21.2克。

（2）生长特性：感温型常规糯稻品种。早造平均全生育期129天，与优优128相当。抗倒力中等，后期熟色好。耐寒性模拟鉴定孕穗期和开花期均为中。抗稻瘟病，中B、中C群和总抗性频率均为100%，病圃鉴定穗瘟3级，叶瘟1级；中抗白叶枯病（3级）。

（3）品质特征：糯性好，饭味香，整精米率43.2%～50.1%，直链淀粉5.7%～6.6%，胶稠度96～97毫米，食味品质分70～78分。

（4）生产性能：2007年早造初试，平均亩产412.5公斤；2008年早造复试，平均亩产386.58公斤；2008年早造生产试验平均亩产393.88公斤。日产量2.99～3.19公斤。

推广情况

适宜粤北以外稻作区早、晚造种植。

广盐1号

审定编号：粤审稻2012026

品种来源：小银软占/抗盐1号

育 种 者：广东省农业科学院水稻研究所

联 系 人：江奕君

特征特性

（1）形态特征：株型集散适中，分蘖力较强，叶色浓绿，叶姿中，耐寒性中弱，抗倒性一般，后期熟色一般。晚造平均全生育期115天，科高100厘米，穗长21.8~22.5厘米，亩有效穗数19.7万~21.5万条，每穗总粒数136~140粒，结实率80.5%~81.0%，千粒重19.2~19.9克。

（2）生长特性：广盐1号的父本“抗盐1号”是从湛江引进的农家感光型耐盐品种“海割稻”系统选育的比原种早熟2~3天的新株系，是较好的耐盐性感光型株系。育成的广盐1号是感温型常规稻品种，晚造平均全生育期115天，与对照种粳籼89相当。抗稻瘟病，中B、中C群和总抗性频率分别为84.62%~94.7%、94.44%~100%、91.18%~94.8%，病圃鉴定穗瘟2.5~3.9级，叶瘟1.75~2.3级；中抗白叶枯病（IV型菌3级，V型菌5~7级）。

（3）品质特征：米质鉴定为国标和省标优质三级，整精米率67.4%~71.7%，垩白粒率13%~16%，垩白度2.5%~2.9%，直链淀粉18.7%~21.6%，胶稠度73~87毫米，食味品质分80~86分。

（4）生产性能：2010、2011年晚造参加省区试，平均亩产分别为418.21公斤和396.76公斤。2011年晚造参加省生产试验，平均亩产419.34公斤。日产量3.45 ~ 3.64公斤。

推广情况

适宜粤北以外稻作区早造、中南和西南稻作区晚造种植。广盐1号的亲本来源于耐盐性较好的农家种，该品种米质好，抗性好，具有一定的耐盐性，在台山等沿海地区有较大种植面积，至2016年广东省累计推广应用面积11多万亩。

旱作

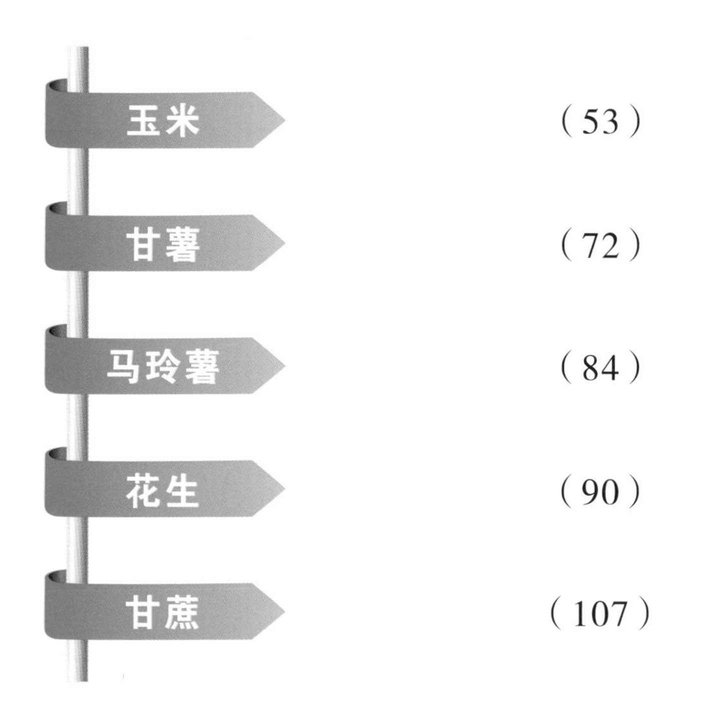

玉米（53）

甘薯（72）

马铃薯（84）

花生（90）

甘蔗（107）

玉米

甜玉米是具有丰富营养价值和鲜、香、嫩、甜、脆等优异食用品质的健康粮、果、蔬兼备型农产品，深受消费者喜爱。近年来，随着我国经济发展和人们对食品品质要求的提高 以及农业供给侧结构性改革的推进，甜玉米产业迎来了新的发展机遇。

广东省是我国甜玉米种植较早面积较大的省份，占全国总面积的50%以上。通过甜玉米从业者的持续努力，种植技术、品种改良和流通技术的发展，甜玉米在广东实现了高产基础上的优质化，产品分期收获陆续上市，通过加工或速冻保鲜，实现周年市场供应。在冬季，甜玉米已经成为最重要的冬种北运农产品之一，广泛销往北京、上海、湖北、四川、湖南、浙江等省市。

良种是广东省甜玉米产品高产、优质的关键，广东是国内率先开展甜玉米育种研究的省份之一，甜玉米育种水平处于国内领先水平。

广东省拥有一批优势明显的甜、糯玉米育种创新团队，科研育种单位主要有广东省农业科学院作物研究所、华南农业大学、仲恺农业工程学院、佛山科学技术学院、广州市农业科学研究院、珠海市现代农业发展中心等，具有较强实力的种子企业有广东鲜美种苗股份有限公司、广东金作农业科技有限公司、广东华农大种业有限公司、江门市种业有限公司、广东天之源农业科技有限公司等，每年选育出近40个新品种参加国家级和省级试验。

“八五”以来，在政府、农业科研院校和企业的共同努力下，通过引种、育种，选育出一大批适合广东生态条件的甜玉米优良品种，如粤甜28号、粤甜9号、粤甜16号、正甜68、农甜88、华美甜168号、广甜3号 、佛甜2号、田蜜2号、粤彩糯2号、广糯2号、珠玉糯1号等。截至目前，全省共有18个甜玉米新品种通过国家审定，2006年以来有131个甜玉米新品种通过广东省审定。全省甜玉米良种覆盖率达到95%以上。

粤甜9号

审定编号：粤审玉2004005

品种来源：粤甜3号/YT034

育 种 者：广东省农业科学院作物研究所

联 系 人：胡建广

特征特性

（1）形态特征：植株半紧凑，生长势较强，早生快发，后期保绿度较好，植株高205～224厘米，果穗圆筒，穗位高84～96厘米，穗长17.3～19厘米，穗粗5.0～5.2厘米，秃顶长1.8～2.0厘米，单苞鲜重273～327克，出籽率66.64%～70.55%，一级果穗率66.67%～80.48%，籽粒黄色。

（2）生长特性：全生育期（从播种至采收鲜苞）春播85~90天，秋播70天左右。生长势强，熟期适宜；株型紧凑、茎杆粗壮，耐肥抗倒。

（3）品质特征：籽粒饱满，甜度较高，含糖量17.52%~19.03%，粗蛋白质含量13.96%，粗脂肪含量10.68%，赖氨酸含量0.27%。外观商品性好；甜度高，清甜爽脆，香味较浓，皮较薄，品质较优，适口性较好。

（4）生产性能：超甜玉米三交种，高产、稳产，适应性强，一般亩产鲜苞950公斤以上，高产的可达1200多公斤。

推广情况

适宜我国华南及西南各省区种植，目前已在华南各省区大面积推广应用。

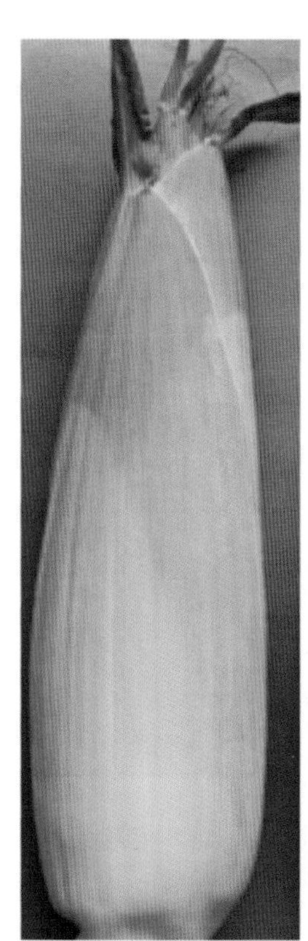

粤甜13号

审定编号： 粤审玉2006010，国审玉2010021

品种来源： 日超-1/C5

育 种 者： 广东省农业科学院作物研究所

联 系 人： 方志伟

特征特性

（1）形态特征： 株高168~175厘米，茎粗2.2~2.4厘米，穗位高50~60厘米，穗长21~23厘米，穗粗4.5~5.0厘米，无秃顶，平均单苞重320克，平均穗重280克，千粒重386克，出籽率71.87%~76.75%，一级果穗率80%~86%。果穗长锥形，果穗外形美观，籽粒排列整齐、致密，光泽度好。

（2）生长特性： 最佳种植密度达4500株/亩，比一般品种高1/3以上。秋植全生育期68~71天，与穗甜1号相当，比粤甜3号早熟3天。田间抗大小斑病和纹枯病，植株矮壮，抗倒性、耐热性和耐密植性强。

（3）品质特征： 可溶性糖含量21.56%~22.98%，果皮厚度测定值61.5~62.1微米，籽粒黄白相间。口感爽脆、甜度高、皮薄无渣。

（4）生产性能： 优质、高产、耐密植的早熟超甜玉米单交种，一般亩产鲜苞900～1200公斤。

推广情况

适宜我国华南、西南、黄淮海和华北等省区种植，目前已在华南及西南省区推广应用。

正甜68

审定编号：粤审玉2009015

品种来源：自选粤科06-3/UST

育 种 者：广东省农业科学院作物研究所

联 系 人：韩福光

特征特性

（1）形态特征：高水肥栽培条件下，株高210厘米，穗位80厘米左右，穗长平均21厘米，穗粗5.0厘米，芯粗2.3厘米，穗长锥形，秃尖短，穗行数14~16行，籽粒浅黄色，单穗重400~450克，果穗长粗，籽粒黄色。

（2）生长特性：全生育期春播约85天、秋播约80天。前、中期生长势强，后期保绿度好。抗性强，接种鉴定高抗纹枯病、中抗小斑病。

（3）品质特征：可溶性糖含量24.4%~29.2%，果皮厚度测定值74.5~74.8微米，度高，果皮较薄，适口性较好，品质较优，适宜加工鲜食。

（4）生产性能：超甜玉米单交种，秋季种植一般亩产鲜苞1080公斤左右。

推广情况

适宜我国华南及西南省区种植，目前已在华南及西南省区大面积推广应用。

粤甜16号

审定编号：粤审玉2008015，国审玉2010022

品种来源：华珍-3/C5

育 种 者：广东省农业科学院作物研究所

联 系 人：胡建广

特征特性

（1）形态特征：株高213～215厘米，穗位高72～76厘米，穗长20.5厘米左右，穗粗5.1～5.4厘米，秃顶长1.6～1.8厘米，单苞鲜重339～376克，单穗净重271～294克，千粒重355～385克，出籽率71.96%～73.47%，一级果穗率88%。果穗外形美观，粒大色匀，秃顶短，籽粒排列整齐，有光泽。果穗圆筒形，籽粒黄色。

（2）生长特性：全生育期78天左右，前、中期生长势强，后期保绿度好。中抗大小斑病和纹枯病，植株高大壮旺，抗倒性及保绿性强。

（3）品质特征：可溶性糖含量29.67%，果皮厚度测定值78.6微米，脆嫩度较好、甜度高、皮较薄，适口性好，综合性状优良。

（4）生产性能：高产、优质、抗逆超甜玉米单交种。最佳种植密度3200株/亩，亩产量1080公斤左右。

推广情况

适宜我国华南及西南省区种植，目前已在华南及西南省区推广应用。

粤甜20号

审定编号：粤审玉2012010，国审玉2014023

品种来源：夏威甜-1/泰甜5号-2

育 种 者：广东省农业科学院作物研究所

联 系 人：胡建广

特征特性

（1）形态特征：植株高216厘米，穗位高68厘米，穗长19.6厘米，穗粗4.7厘米，基本无秃顶。单苞鲜重346克，单穗净重262克，行数平均18.4，行粒数平均34.8，粒深0.9厘米，有少量旗叶。皮较薄，化渣，风味好。该组合株型合理，整齐度好，生长健壮，叶色浓绿，植株稍高，果穗近筒形、苞叶青绿色，穗形较美观，籽粒浅黄，色较均匀，有光泽，排列致密整齐，出籽率高。

（2）生长特性：全生育期78天左右，抗倒性强，抗病性好，后期保绿度好，抗病性接种鉴定中抗纹枯病和小斑病；田间表现抗纹枯病、茎腐病和大、小斑病。

（3）品质特征：可溶性糖含量30.54%～31.84%，果皮厚度测定值64.42～69.31微米，果穗筒形，籽粒黄色，甜度高，果皮薄，适口性好，爽脆度高，皮薄少渣，适宜籽粒及整穗加工。品质良。

（4）生产性能：超甜玉米单交种，丰产性好，一般亩产鲜苞达1200公斤。

推广情况

适宜我国华南及西南省区种植，目前已在华南各省区推广应用。

粤甜25号

审定编号： 粤审玉20160013

品种来源： GQ-1/HW204

育 种 者： 广东省农业科学院作物研究所

联 系 人： 李高科

特征特性

（1）形态特征： 株高213.4厘米，穗位高82.4厘米，茎粗1.96厘米，单苞重404克，去苞叶后穗重308克，穗长18.3厘米，穗粗5.1厘米，无秃顶，穗筒形、苞叶青绿色，穗形美观，无秃顶。籽粒纯黄色，色均匀，有光泽，大且饱满，排列致密整齐。

（2）生长特性： 全生育期85天，数15.2，行粒数43.6，粒深1.25厘米间表现整齐度好，生长健壮，抗倒伏，叶色浓绿、中抗小斑和南方锈病。

（3）品质特征： 皮较薄，化渣，含糖量32.74%～32.95%，果皮厚度测定值61.62～70.19微米，适宜鲜食和加工。

（4）生产性能： 超甜玉米单交种，丰产性好，亩产鲜苞达1400公斤。

推广情况

适宜我国华南、西南及黄淮海各省区种植，目前已在华南各省区推广应用。

粤甜28号

审定编号：粤审玉20170004

品种来源：GQ-1/群1-1

育 种 者：广东省农业科学院作物研究所

联 系 人：胡建广

特征特性

（1）形态特征：甜玉米单交种。株高213~219厘米，穗位高85~95厘米，单苞鲜重368~373克，千粒重304~317克，出籽率68.88%~72.21%，一级果穗率85%~86%。果穗筒形，籽粒黄色。

（2）生长特性：全生育期春植80天、秋植76天，抗倒能力强，正常种植生育期中后期可以抗击8级台风；收获期和保鲜期长，比一般超甜玉米品种的收获期长1倍以上。田间表现高抗纹枯病，抗茎腐病和大、小斑病。

（3）品质特征：可溶性糖含量44.08%~47.24%，果皮厚度测定值60.98~66.85微米，适口性评分88.8~90.5分。低温保湿冷藏保存，保鲜期15天以上。

（4）生长性能：一般亩产鲜苞1200公斤左右，比粤甜16号增产10%~25%。

推广情况

该品种适应性较广，可以在我国北京以南春、夏、秋季种植。

粤白糯3号

审定编号：粤审玉2008018

品种来源：N21-12/N31-30

育 种 者：广东省农业科学院作物研究所

联 系 人：刘建华

特征特性

（1）形态特征：植株高大壮旺，穗大粒多，秃顶短，空秆率低，株高210~215厘米，穗位高76~79厘米，穗长19.3~19.7厘米，穗粗4.9厘米左右，秃顶长1.2~2.0厘米。单苞鲜重286~293克，单穗净重232~236克，千粒重281~314克，出籽率66.81%~68.38%，一级果穗率78.0%~85%。果穗筒形、长粗，籽粒白色。

（2）生长特性：前、中期生长势强，后期保绿度好。春植全生育期85~86天，长势壮旺，高抗纹枯病、大小叶斑病和茎腐病。果穗商品率和一级果穗率高，商品性好，抗病性强，耐热性较强。据中国农科院作物品种资源研究所接种鉴定，抗大斑病、中抗小斑病；广东省区试接种鉴定，中抗纹枯病和小斑病。

（3）品质特征：糯性好，食味香甜，皮较薄，口感较好，品质优良。直链淀粉含量2.7%~3.3%，果皮厚度测定值58.42~76.7微米。

（4）生产性能：在中山、阳江冬季进行耐寒试验，均能正常生长、开花、受粉和结实，并获得较高的商品产量。一般亩产鲜苞870~1000公斤。

推广情况

该品种已在广东省和周边省区推广。

粤白糯6号

审定编号：粤审玉2014004，国审玉2017048

品种来源：N71-152/N61-27

育 种 者：广东省农业科学院作物研究所，广东金作农业科技有限公司

联 系 人：刘建华

特征特性

（1）形态特征：全株叶片18片左右，株型半紧凑，株高195～222厘米，穗位高69～86厘米，穗长18.7厘米左右，穗粗4.8～4.9厘米，秃顶长0.5～0.8厘米。单苞鲜重288～316克，单穗净重225～246克，单穗鲜粒重151～163克，千粒重345～354克，出籽率66.16%～66.98%，一级果穗率80%～83%。果穗筒形，籽粒白色。

（2）生长特性：在我国东南地区春植出苗至采收期平均81天，比苏玉糯5号迟熟2天。

（3）品质特征：糯性好，食味甜，果皮较薄，口感软滑，品质优。扬州大学农学院测定：支链淀粉/总淀粉97.8%，皮渣率10.9%。中国农科院作科所抗性接种鉴定：感小斑病、高抗腐霉茎腐病、中抗-抗纹枯病。

（4）生产性能：糯玉米单交种。2012、2013年两年春季参加省区试，平均亩产鲜苞分别为986.7公斤和976.2公斤。

推广情况

适宜我省各地春、秋季种植。目前已在广东、广西、江苏、安徽、上海、浙江、江西、福建和海南等省区示范推广。在2015年广东省种博会获得优秀推荐品种，在2017年南方鲜食玉米大会获得优秀展示品种。

粤彩糯2号

审定编号：粤审玉2012006，国审玉2014026

品种来源：N32-107/N61-32

育 种 者：广东省农业科学院作物研究所

联 系 人：刘建华

特征特性

（1）**形态特征：**幼苗叶鞘紫红色，叶片绿色，叶缘绿色，花药黄色，颖壳绿色。株型半紧凑，株高214.0厘米，穗位高84.7厘米，成株叶片数18片。花丝绿色，果穗近锥形，穗长18厘米，穗行数12.0行，穗轴白色，籽粒紫红、白相间，粒型为硬粒型，百粒重（鲜籽粒）32.4克。平均倒伏（折）率1.75%。

（2）**生长特性：**在我国东南地区出苗至成熟83.0天，比苏玉糯5号迟熟1天，需有效积温2400℃左右。植株矮壮，前中期生长势强，后期保绿度好。经2012、2013年两年接种鉴定，中抗大斑病，中抗小斑病，高抗茎腐病，中抗纹枯病。

（3）**品质特征：**经两年测定，支链淀粉占总淀粉含量的98.55%。专家品尝鉴定，适口性评分为92.4分。果穗美观，籽粒饱满，商品性好，糯性好，果皮薄，适口性好，品质优。

（4）**生产性能：**春季种植一般亩产鲜苞900公斤左右。

推广情况

适宜我国东南省区春、秋季种植，目前已在广东、广西、海南、福建、江西、浙江、上海、江苏和安徽等省市区推广。2013—2017年广州市农业主导品种，2014、2016年广东省农业主导品种。

粤鲜糯2号

审定编号： 粤审玉2016006

品种来源： NT112-424/N82-126

育 种 者： 广东省农业科学院作物研究所

联 系 人： 刘建华

特征特性

（1）形态特征： 叶鞘绿色，植株生长整齐健壮，全株叶片18片左右，株高180.0厘米，穗位高68.4厘米，植株绿壮。果穗筒形，穗长18.6厘米，穗粗4.9厘米，花丝浅褐色，单苞重270克，籽粒白色，糯粒、甜粒比例为3:1。

（2）生长特性： 从播种至采收鲜苞，春播76天，秋播72天左右，比香白糯迟熟2天。前、中期生长势强，后期保绿度高，田间表现抗纹枯病、茎腐病、锈病和大、小斑病，抗倒伏，适应性强。

（3）品质特征： 直链淀粉含量0.7%~0.77%，果皮厚度测定值67.75~71.03微米，糯性好，食味甜，口感软滑，果皮较薄，品质优。

（4）生产性能： 优质、抗逆甜糯型玉米单交种。2014、2015年两年春季参加省区试，平均亩产鲜苞分别为866.1公斤和898.6公斤。

推广情况

适宜广东省及周边省区春、秋季种植，目前已在广东省和周边省区示范推广。

珠玉糯1号

审定编号：粤审玉2015008，国审玉2016007

品种来源：株选NC208×株选NC06

育 种 者：珠海市现代农业发展中心

联 系 人：宫庆友

特征特性

（1）形态特征：糯玉米单交种。春植生育期77～82天。株高193～204厘米，穗位高57～67厘米，穗行数12.3行，穗长18.9～19.5厘米，穗粗5.0厘米左右，秃顶长0.5～0.8厘米。单苞鲜重337～339克，单穗净重248～264克，单穗鲜粒重170～171克，千粒重352克左右，出籽率64.76%～68.26%，一级果穗率89%～91%。果穗锥形，籽粒白色，直链淀粉含量0.36%～0.46%，果皮厚度测定值74.80～86.32微米。

（2）生长特性：抗病性接种鉴定中抗纹枯病和小斑病；田间调查高抗茎腐病，抗纹枯病和大、小斑病。植株壮旺紧凑，无倒伏、倒折。前、中期生长势强，后期保绿度好，综合农艺性状优良，丰产性和适应性较好，抗病性和抗倒性较强。

（3）品质特征：粒色白色，白轴。皮渣率11%，支链淀粉含量98%。外观品质和蒸煮品质优良。

（4）生产性能：一般亩产鲜苞900公斤以上。

推广情况

适宜广东、广西、江苏中南部、安徽中南部、上海、浙江、江西、福建、海南、湖南、湖北、四川、云南、贵州等14个省区市作鲜食糯玉米品种种植。目前已在广东、广西、云南、四川、贵州等省市大面积推广，已推广种植20多万亩。2017年被推选为我省鲜食玉米主导品种。

农甜88

审定编号：粤审玉2009006

品种来源：L781/L121

育 种 者：华南农业大学农学院

联 系 人：李小琴

特征特性

（1）形态特征：株高210~218厘米，穗位高70厘米左右，穗长21.2~21.3厘米，穗粗5.0~5.3厘米，秃顶长1.6厘米左右。

（2）生长特性：甜玉米单交种，秋植全生育期68 ~ 76天。抗病性接种鉴定中抗纹枯病和小斑病；田间表现抗纹枯病、茎腐病和大、小斑病。

（3）品质特征：果穗长粗，籽粒黄白相间，粒大，甜度高，果皮较薄，适口性好，品质优。可溶性糖含量23.4%~25.4%，果皮厚度测定值72.1~75.0微米，适口性评分分别为90.5分和90.3分。

（4）生产性能：单苞鲜重308~345克，单穗净重264~284克，千粒重386~394克，出籽率70.46%~72.54%，一级果穗率84%~92%。一般亩产鲜苞980~1070公斤。

推广情况

适宜我省各地春、秋季种植。

华美甜8号

审定编号：粤审玉2010015

品种来源：A106/H068

育 种 者：华南农业大学农学院

联 系 人：梁克勤

特征特性

（1）形态特征：株型紧凑，株高196～199厘米，穗位高73～82厘米，穗长18.3～18.9厘米，穗粗4.8厘米左右，秃顶长0.9～1.5厘米。

（2）生长特性：甜玉米单交种，秋植全生育期70～71天，前、中期生长势强，后期保绿度好。抗病性接种鉴定中抗纹枯病和小斑病；田间表现抗纹枯病、茎腐病和大、小斑病。

（3）品质特征：果穗筒形，籽粒黄白相间，甜度较高，果皮较薄，适口性较好，品质较优。可溶性糖含量21.12%～22.09%，果皮厚度测定值73.8～74.0微米，适口性评分分别为87.2分和87.0分。

（4）生产性能：单苞鲜重298～305克，单穗净重234～247克，千粒重346～358克，出籽率69.51%～70.09%，一级果穗率85%。一般亩产鲜苞1000公斤左右。

推广情况

适宜广东省各地春、秋季种植以及湛江、茂名地区冬种。2013、2014、2016年广东省农业主导品种。

华美甜168号

审定编号：粤审玉2008012

品种来源：H100/H068

育 种 者：华南农业大学科技实业发展总公司

联 系 人：梁克勤

特征特性

（1）形态特征：植株壮旺紧凑，株高216～218厘米，穗位高81～83厘米，穗长19.6～19.7厘米，穗粗4.9～5.2厘米，秃顶长0.9～1.5厘米。

（2）生长特性：甜玉米单交种，秋植全生育期74～79天，前、中期生长势强，后期保绿度好。抗病性接种鉴定中抗纹枯病和小斑病；田间表现抗纹枯病、大、小斑病和茎腐病。抗倒力较强。

（3）品质特征：果穗筒形、美观，秃顶较短，籽粒淡黄色，粒大饱满。商品性好，适口性较好，品质较优。可溶性糖含量24.9%～30.5%，果皮厚度测定值73.9～74.7 微米，适口性评分分别为85.7分和88.0分。

（4）生产性能：单苞鲜重306～343克，单穗净重256～258克，千粒重394～398克，出籽率69.53%～71.71%，一级果穗率85%～86%。一般亩产鲜苞970~1080公斤。

推广情况

适宜我省各地春、秋季种植。2015年广东省农业主导品种。

华宝甜8号

审定编号：粤审玉2007006

品种来源：9609-1/A203

育 种 者：华南农业大学生命科学学院

联 系 人：叶绍文

特征特性

（1）形态特征：株高200～201厘米，穗位高62厘米左右，穗长20.2～20.6厘米，穗粗4.7～4.8厘米，秃顶1.3厘米左右。

（2）生长特性：甜玉米单交种，秋植全生育期70~71天，植株壮旺，前、中期生长势强，后期保绿度中等。中抗纹枯病和小斑病；田间表现高抗茎腐病。

（3）品质特征：果穗圆筒形，穗形美观，秃顶较短，籽粒饱满，排列整齐，黄白粒相间，色泽鲜亮。可溶性糖含量22.91%～25.37%，果皮厚71.4～73.6微米，适口性评分90.0～90.8分。

（4）生产性能：单苞鲜重298～304克，单穗净重236～245克，千粒重354~375克，出籽率68.57%～73.51%，一级果穗率82%～84%。一般亩产鲜苞900公斤左右。

推广情况

适宜我省各地春、秋季种植。

佛甜2号

审定编号： 粤审玉2010018

品种来源： Fox-2/Fox-8

育 种 者： 佛山科学技术学院食品与园艺学院

联 系 人： 邓燏

特征特性

（1）形态特征： 株型紧凑，株高221～223厘米，穗位高83～84厘米，穗长20.2～21.1厘米，穗粗5.4～5.6厘米，秃顶长1.6厘米左右。

（2）生长特性： 甜玉米单交种，秋植全生育期76～78天，植株前、中期生长势强，后期保绿度好。抗病性接种鉴定抗纹枯病，中抗小斑病；田间表现抗纹枯病、茎腐病和大、小斑病。

（3）品质特征： 果穗长粗、筒形，籽粒黄色，甜度高，果皮较薄，适口性较好，品质较优。可溶性糖含量23.71%～28.32%，果皮厚度测定值78.5～80.4微米，适口性评分分别为87.3分和87.8分。

（4）生产性能： 单苞鲜重373～395克，单穗净重303～327克，千粒重275～328克，出籽率66.03%～67.21%，一级果穗率84%～85%。一般亩产鲜苞1120~1200公斤。

推广情况

适宜我省各地春、秋季种植。2015年广东省农业主导品种。

田蜜2号

审定编号：粤审玉2006007

品种来源：TMT02-2-1-8-3-4-6/TMT28-5-3-2-4-9-7

育 种 者：广州市田园农业科技研究中心

联 系 人：梁耿文

特征特性

（1）形态特征：植株壮旺，整齐紧凑，叶宽色浓，株叶形态好。植株高198～207厘米，穗位高73～76厘米，穗长19.6～20.6厘米，穗粗4.8厘米左右，秃顶长0.3～0.6厘米。

（2）生长特性：甜玉米单交种，秋植全生育期73～76天，前、中期生长势强，后期保绿度好。抗病性接种鉴定抗纹枯病，中抗小斑病，田间表现高抗茎腐病，抗大斑病。

（3）品质特征：果穗圆锥形，籽粒金黄色，可溶性糖含量19.25%～20.04%，果皮较薄，厚度测定值72.76～73.7微米，两年适口性评分分别为85.7分和83.9分。

（4）生产性能：单苞鲜重336～350克，单穗净重260～265克，千粒重366～398克，出籽率70.19%～72.31%，一级果穗率87%～90%。一般亩产鲜苞1000~1100公斤。

推广情况

适宜广东省各地春、秋季种植。2015年取得植物新品种权证书（证书号：20154893，品种权号：CNA20070151.7）。根据广东省种子管理总站统计，至2016年年底，该品种在广东省累计推广面积达28.8万亩。目前该品种已在海南、福建、江西、湖南和湖北推广应用，预计2017年推广面积可达到50万亩以上。

新美夏珍

审定编号： 粤审玉2005004

品种来源： XM-06/XM-18

育 种 者： 广东省珠海市鲜美种苗发展有限公司

联 系 人： 罗哲喜

特征特性

（1）形态特征： 株型紧凑，叶色浓绿，植株高223～239厘米，穗位高72～91厘米，穗长19.4厘米，穗粗5.0厘米，秃顶长0.8厘米。

（2）生长特性： 甜玉米单交种，秋植全生育期75~76天，前中期生长势强，后期保绿度特别好。高抗纹枯病，中抗小斑病，田间调查高抗茎腐病。抗倒性较强，适应性好。

（3）品质特征： 整齐度好，果穗美观，籽粒淡黄色、饱满、排列整齐，商品性好。可溶性糖含量18.5%～18.8%，皮厚53.4微米，适口性88.5分。

（4）生产性能： 单苞鲜重312克，千粒重391～393克，出籽率72.58%～72.69%，一级果穗率82%～85%。丰产性好，一般亩产鲜苞970~1050公斤。

推广情况

适宜我省各地春、秋季种植。2012—2014年广东省农业主导品种。2015年被中国作物学会鲜食玉米分会评定为“2015年十佳甜玉米品种”，位列十佳之首。

甘薯

甘薯是旋花科甘薯属植物，是一种高产稳产、营养丰富、用途广泛的重要农作物，也是世界上重要的粮食饲料、工业原料和生物能源原料作物。甘薯因其具有生物产量高、种植区域广、淀粉产量高、耐旱、耐盐、适应性强等特点，逐步发展成为一种比较效益优势的经济作物。

广东作为我国甘薯主要产地之一，常年种植面积和产量都位于全国重要位置。目前，广东甘薯种植面积较大的地区为粤西的湛江、茂名，其次是粤东的揭阳、汕尾等地市。

广东甘薯育种创新团队主要有广东省农科院作物研究所、湛江市农业科学研究院、普宁市农业科学研究所和揭阳市农业科学研究所等单位，以广东省农科院作物研究所甘薯研究室为代表的技术研究团队，以“国家种质广州甘薯圃”为依托，培育出一系列甘薯新品种，如2006年以来通过广东省农作物品种审定的25个甘薯新品种（广薯72、湛薯12、湛紫薯2号、普紫薯2号、广紫薯11号、湛薯271、广薯82、广紫薯8号、广薯25、广薯205、普薯32号、湛薯407、广紫薯2号、揭薯18号、玉薯2号、普薯30、普薯28、广薯155、广薯菜2号、新普紫甘薯、湛薯01-2、广薯79、新普六、广薯87、湛薯96-24）中，省农科院作物研究所育成的品种就有11个。育成品种类型也更加多样化，既有优质高产抗病耐贮藏甘薯品种，又有营养保健食用（紫肉高花青素、桔红肉高胡萝卜素）、工业用（高淀粉）、饲料用（高蛋白）、水果用、蔬菜用、观赏用甘薯品种。

广薯87

审定编号：粤审薯2006002

品种来源：广薯69计划集团杂交后代中选育而成

育 种 者：广东省农业科学院作物研究所

联 系 人：房伯平

特征特性

（1）形态特征：株型半直立，中短蔓，分枝数中等，顶叶绿色，叶形深复，叶脉浅紫色，茎为绿色。

（2）生长特性：萌芽性好，苗期生势旺。中抗薯瘟病，适应性较广。

（3）品质特征：薯形下膨，薯皮红色，薯肉橙黄色，薯身光滑、美观，薯块均匀，耐贮性好。干物率28.5%，食味82.0分，淀粉率19.75%。蒸熟食味粉香、薯香味浓，口感好。

（4）生产性能：高产稳产，结薯集中，单株结薯数多，一般5～9条，大中薯比率76%，一般亩产鲜薯2330~2610公斤。

推广情况

据广东省种子管理总站统计，2013—2015年全省推广应用面积达135.3万亩。2011—2017年广东省农业主导品种。“甘薯优新品种广薯87及其配套技术的推广”获2014年广东省农业技术推广奖二等奖。

广薯79

审定编号：粤审薯2007001

品种来源：广薯69/B63等10个父本群体

育 种 者：广东省农业科学院作物研究所

联 系 人：陈景益

特征特性

（1）形态特征：株型半直立，中长蔓，中等分枝，顶叶绿带紫边，叶形心齿形，叶脉、茎绿色。

（2）生长特性：秋薯全生育期100～130天。萌芽性中等，中抗薯瘟病。

（3）品质特征：薯形下膨，薯皮黄色，薯肉橘红色，薯身光滑、美观，薯块大小均匀，耐贮性较好。平均干物率28.11%，食味76.8分，淀粉率17.29%，胡萝卜素含量12.82毫克/100克鲜薯。

（4）生产性能：结薯集中，单株结薯数中等，一般亩产鲜薯2350~2420公斤。

推广情况

适宜我省水旱田种植。2011、2012、2013、2014、2015、2017年广东省农业主导品种。

广薯菜2号

审定编号：粤审薯2009001

品种来源：2003年选自“湛江菜叶×广州菜叶”的杂交后代

育 种 者：广东省农业科学院作物研究所

联 系 人：房伯平

特征特性

（1）形态特征：株型半直立，顶叶绿色，叶尖心形带齿，叶脉、茎皆为紫色，茎尖无茸毛。

（2）生长特性：菜用甘薯品种。萌芽性好，苗期生势较旺，中蔓分枝较多。室内薯瘟病抗性鉴定为中抗。田间表现中抗薯瘟病，抗蔓割病，抗根腐病，抗黑斑病，高抗茎线虫病。

（3）品质特征：薯形纺锤，薯皮白色，薯肉白色。幼嫩茎尖烫后颜色绿色，略有香味和苦涩味，微甜，有滑腻感。食味鉴定综合评分4.4分，品质优。

（4）生产性能：一般上部茎叶亩产1700~2070公斤。

推广情况

适宜广东省灌溉条件较好的甘薯产区春、夏、秋季种植。

广薯155

审定编号： 粤审薯2009004

品种来源： 广薯69/红萨摩·揭薯16号·广薯2K-30·广薯88-70等10个父本群体

育 种 者： 广东省农业科学院作物研究所

联 系 人： 房伯平

特征特性

（1）形态特征： 株型半直立，中长蔓，分枝数中等，顶叶绿色，叶心形，叶脉浅紫色，茎为紫色。

（2）生长特性： 结薯集中，单株结薯数多，薯形下膨，薯皮黄色，薯肉黄色，薯身光滑、美观，薯块大小均匀。大田薯瘟病抗性鉴定为中抗，室内薯瘟病抗性鉴定为抗。

（3）品质特征： 秋薯干物率30.8%~31.4%，淀粉率20.4%~21.1%，食味评分80.8~82.4分。

（4）生产性能： 一般亩产鲜薯2100~2240公斤，亩产干薯640~700公斤。

推广情况

适宜广东省甘薯产区秋、冬季种植。

广紫薯2号

审定编号： 粤审薯2011001

品种来源： 广薯2K-29/揭薯16号

育 种 者： 广东省农业科学院作物研究所

联 系 人： 房伯平

特征特性

（1）形态特征： 株形半直立，中长蔓，分枝多。顶叶绿色带紫边，叶形心带齿，叶脉、茎均为绿色。

（2）生长特性： 结薯集中，单枝结薯数较多；薯形纺锤，薯皮、薯肉均为紫色，花青素含量高，薯身光滑，薯块较均匀。大田和室内薯瘟病抗性鉴定均表现为中抗。

（3）品质特征： 薯块干物率33.88%~35.55%，食味分78.0~78.1分，淀粉率22.18%~28.60%，花青素含量46.97~80.82毫克/100克鲜薯。耐贮性好。

（4）生产性能： 一般亩产鲜薯1850公斤左右。

推广情况

适宜我省甘薯产区秋冬季种植。2013、2014、2015年广东省农业主导品种。

广紫薯8号

审定编号：粤审薯2015005

品种来源：广薯03-88/广紫薯2号等10个父本群体

育 种 者：广东省农业科学院作物研究所

联 系 人：房伯平

特征特性

（1）形态特征：短蔓半直立型，单株分枝数9~15条，蔓粗中等。叶形尖心带齿，顶叶绿带紫，成叶绿色，叶脉紫色，茎绿带浅紫色。

（2）生长特性：夏秋薯全生育期130天以上。薯块长纺缍形，薯皮紫色，薯肉紫色，单株结薯6.8个，大中薯率71.9%，结薯集中，整齐。抗蔓割病，中抗薯瘟病。

（3）品质特征：花青素含量高，薯身光滑、薯块较均匀，耐贮性好。薯块干物率29.92%，淀粉率19.68%%；花青素含量38.6毫克/100克鲜薯；食用品质优。

（4）生产性能：一般亩产鲜薯1950~2475公斤。

推广情况

适宜我国南方薯区水旱田种植。2016、2017年广东省农业主导品种。

湛薯271

审定编号：粤审薯2016001

品种来源：普薯04-26/揭薯04-12等10个父本群体

育 种 者：湛江市农业科学研究院

联 系 人：陈胜勇、何霭如

特征特性

（1）形态特征：萌芽性中等，株型匍匐，中蔓，分枝多，顶叶绿色带紫边，叶心形带齿，叶脉紫色，茎绿色带紫。

（2）生长特性：在广东地区立秋前后种植，全生育期为120天以上。结薯集中、不整齐，单枝结薯较多，大中薯率82.3%。大田薯瘟病抗性鉴定为中抗，室内薯瘟病抗性鉴定为高感。

（3）品质特征：薯形下膨，薯皮深红色，薯肉橙黄色，富含胡萝卜素，耐贮性较好。薯块干物率平均31.18%，食味平均81.5分，淀粉率20.3%，胡萝卜素含量4.34毫克/100克鲜薯。

（4）生产性能：一般亩产鲜薯2030公斤左右。

推广情况

适宜粤西薯瘟病轻发区种植，栽培上要特别注意防治薯瘟病。目前该品种已在湛江市推广。

湛薯12

审定编号：粤审薯20160003

品种来源：广薯87/广薯42等6个父本群体

育 种 者：湛江市农业科学研究院

联 系 人：陈胜勇、何霭如

特征特性

（1）形态特征：该品种以广薯87为母本放任授粉选育而成。株型半直立，中蔓，分枝多，顶叶绿色，叶片绿色，叶形浅裂复缺刻，叶脉深紫色，茎蔓绿色节紫。

（2）生长特性：在广东地区立秋前后种植，全生育期为120天以上。单株结薯5个左右，结薯集中整齐。中抗薯瘟病。

（3）品质特征：薯形下膨，薯皮红色，薯肉黄色，干物率平均为32.1%，淀粉率21.7%，食味评分80分，耐贮性好。

（4）生产性能：一般亩产鲜薯2100公斤左右。

推广情况

适宜我省甘薯产区种植，目前已在湛江和云浮推广。

湛紫薯2号

审定编号： 粤审薯20160004

品种来源： 紫罗兰/广薯87等6个父本群体

育 种 者： 湛江市农业科学研究院

联 系 人： 陈胜勇、何霭如

特征特性

（1）形态特征： 萌芽性中等，株形半直立，长蔓分枝较多，顶叶浅紫色，成叶绿色，叶心形带齿，叶脉浅紫色，茎为绿色。

（2）生长特性： 在广东地区立秋前后种植，全生育期为120天以上。结薯分散、整齐，单株结薯较多，大中薯率80.0%。大田、室内薯瘟病抗性鉴定均为中抗。

（3）品质特征： 薯形长纺锤，薯块外皮紫色，薯肉深紫色，花青素含量高，薯身光滑、薯块较均匀，耐贮藏。薯块干物率平均33.33%，食味评分平均78.0分，淀粉率22.33%，花青素含量89.30毫克/100克鲜薯。

（4）生产性能： 一般亩产鲜薯1800~2270公斤。

推广情况

适宜我省甘薯产区种植，目前已在湛江、惠州和云浮推广。

普薯28号

审定编号：粤审薯2009003

品种来源：普薯24/香种

育 种 者：普宁市农业科学研究所

联 系 人：冯顺洪

特征特性

（1）形态特征：株型半直立，长蔓分枝多，顶叶紫色，叶形心带齿，叶脉浅紫色，茎绿色。

（2）生长特性：结薯较集中，单株结薯较多。大田表现和室内薯瘟病抗性鉴定均为中抗。

（3）品质特征：薯形长纺锤，薯块外皮土黄色，薯肉橙黄色。品质较好，干物率33.9%~34.3%，食味78.9分，淀粉率22.6%~22.9%，胡萝卜素含量平均3.85~4.39毫克/100克鲜薯。

（4）生产性能：一般亩产鲜薯2070~2300公斤。

推广情况

适宜广东省甘薯产区秋冬季种植推广，2012、2013年广东省农业主导品种。

普薯32号

审定编号：粤审薯2012002

品种来源：普薯24//徐薯94/47-1

育 种 者：普宁市农业科学研究所

联 系 人：冯顺洪

特征特性

（1）形态特征：株型蔓生，分枝性中等，蔓长中等，顶叶紫色，叶心形，叶片较大，叶脉绿色，茎较粗、呈绿色。

（2）生长特性：早熟，种植90~110天就可收获，可提早上市供应淡季。长势较旺盛，稳产性好。结薯集中，单株结薯数5~6个。大田薯瘟病抗性鉴定为中抗，室内薯瘟病抗性鉴定为中感。

（3）品质特征：薯块纺锤形，薯皮红色，薯肉橘红色，卖相好，商品价值高。薯块干物率30%左右，胡萝卜素含量高，食味优，耐贮藏。

（4）生产性能：一般亩产鲜薯2250公斤左右。

推广情况

2015、2016年广东省农业主导品种，该品种2017年在包括广东、新疆维吾尔自治区（简称新疆）、西藏自治区（简称西藏）、河北、河南等全国十几个省推广种植面积较大。

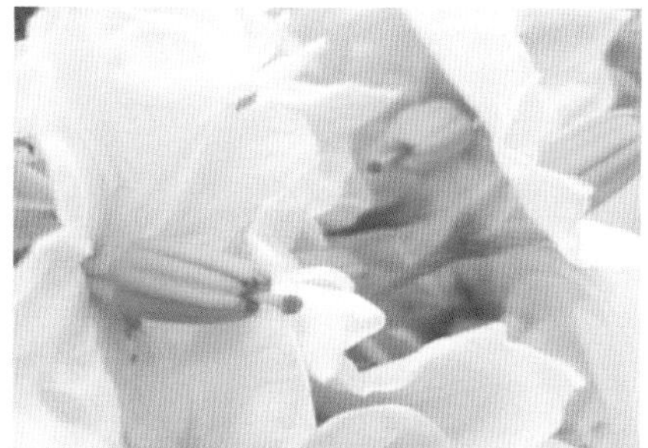

马铃薯

马铃薯属于茄科作物，是世界上最重要的四大粮食作物（水稻、小麦、玉米、马铃薯）之一，起源于南美洲安第斯山脉的提提卡卡湖一带。从南美洲出发，辗转世界各地，种植范围不断发展，目前马铃薯已在近160多个国家和地区种植。目前，我国马铃薯种植面积达9000多万亩，总产量9500多万吨，均居世界首位。随着2015年马铃薯主粮（食）化战略的实施和2016年《关于推进马铃薯产业开发的指导意见》的颁布，全国马铃薯迎来重要的发展机遇，预计到2020年，马铃薯种植面积将扩大到1亿亩以上，主食消费占马铃薯总消费量的30%。

广东省马铃薯种植面积达80万亩左右，大部分属于冬种马铃薯，分布在粤东、粤西和珠三角地区，其中惠州、江门、云浮、肇庆、阳江、茂名等地是广东省马铃薯主产区。广东冬种马铃薯具有明显的三大优势，即季节气候优势、冬闲田优势和市场区位优势，冬种马铃薯已成为主产区农民增收、致富的重要农作物。

广东马铃薯育种起步较晚，前期以品种引进、筛选、鉴定为主，通过广东省农作物品种审定的品种有粤引85-38、粤引86-2、中薯3号、大西洋、云薯901、粤红1号、菲勒塞纳、珍妮、中薯18、云薯306、陇薯7号等11个，其中种植面积最大的品种为粤引85-38，占总面积90%左右，品种结构单一。为了解决省内马铃薯品种单一问题，选育适宜广东当地种植的马铃薯新品种，广东省农业科学院作物研究所在广东率先开展了杂交育种工作，也是广东开展规模化育种工作的主要单位。目前广东马铃薯主要育种目标除了选育传统的多抗、早熟型马铃薯品种外，还注重选育富含花色苷等特色型品种，已经获得相当一部分苗头品系。未来将结合分子标记辅助选择育种和基因编辑技术育种加速广东马铃薯育种进程，提高育种效率。

粤引85-38

审定编号：粤审薯1993001

品种来源：费乌瑞它（ZPC50-3535/ZPC5-3）1981年农业部中资局从荷兰引入

育 种 者：广东省农业科学院作物研究所（原旱作所）等

联 系 人：李小波

特征特性

（1）形态特征：株型直立，株高28厘米左右，叶片数16片左右，叶深绿色，茎绿色，在广东省冬种一般不开花。

（2）生长特性：早熟，出苗至成熟生育期75~82天。不抗早晚疫病和病毒病。

（3）品质特征：薯块长椭圆形，整齐度高，黄皮黄肉，表皮光滑，芽眼浅，商品薯率90%以上；干物质含量15.1%~16.7%，淀粉含量11.0%左右，还原糖含量0.22%左右，维生素C含量17.3毫克/100克鲜重薯。

（4）生产性能：一般亩产鲜薯2200公斤以上，高产的可达4000公斤以上。

推广情况

适合我省冬种区种植和粤北早春种植，目前已在广东全省大面积推广，占全省马铃薯面积90%以上。该品种一直是广东省马铃薯产区的主导品种，也是出口创汇的首选品种。该品种及其配套栽培技术于2011年获得广东省农业技术推广一等奖。

大西洋

审定编号： 粤审薯2011003

品种来源： 美国用B5141-6（Lenape）作母本、旺西（Wauseon）作父本杂交选育而成，1978年由农业部和中国农业科学院引入我国

育 种 者： 广东省农业科学院作物研究所

联 系 人： 李小波

特征特性

（1）形态特征： 株型较直立，生长势强，分枝少，株高50厘米左右，茎基部紫褐色，茎秆粗壮，生长势较强。叶深绿，复叶肥大，叶缘平展。花冠浅紫色，可天然结实。

（2）生长特性： 中晚熟，生育期约90天。块茎大小中等而整齐，结薯集中。田间种植表现较抗花叶病和卷叶病。

（3）品质特征： 薯块圆形、大小中等、均匀，白皮白肉，表皮光滑，芽眼浅，商品薯率达90%以上。品质鉴定为优，炸片品质优良，薯块干物质含量19.6%左右，淀粉含量15.1%左右，还原糖含量为0.08%左右，维生素C含量为29.7毫克/100克鲜薯，蛋白含量2.10%。

（4）生产性能： 一般亩产鲜薯2160公斤左右。

推广情况

适合我省冬种区种植和粤北早春种植，目前已在广东省粤西地区大面积推广，以订单式生产为主，主要用于马铃薯薯片加工。2014—2015年广东省主导品种，2014年广州市主导品种。该品种及其配套栽培技术于2015年获得广东省农业技术推广二等奖。

云薯901

审定编号：粤审薯2015001
品种来源：丽江90选/中心909
育 种 者：云南省农业科学院经济作物研究所，广东省农业科学院作物研究所
联 系 人：李小波

特征特性

（1）形态特征：生长势强，分枝少，平均株高44.4厘米，茎、叶绿色。块茎椭圆形，黄皮乳白肉，薯皮光滑，芽眼浅。薯块整齐度中等，商品薯率为87.0%~90.3%。

（2）生长特性：早熟，冬季种植生育期77~88天，比对照种粤引85-38迟熟1天左右。抗病性接种鉴定为中抗晚疫病，高感青枯病。

（3）品质特征：品质鉴定为优，薯块干物质含量16.45%，淀粉含量12.16%。还原糖含量0.05%，维生素C含量36.60毫克/100克，蛋白质含量2.38%。

（4）生产性能：一般亩产鲜薯2200公斤左右。

推广情况

适合我省冬种区种植和粤北早春种植，目前已在广东省粤东和广州市周边地区大面积推广。2016—2017年广州市农业主导品种，2017年广东省农业主导品种。

粤红1号

审定编号： 粤审薯2015007

品种来源： 从台湾红皮马铃薯变异株中定向选育而成

育 种 者： 潮州市农业科技发展中心，广东省农业科学院作物研究所

联 系 人： 李小波

特征特性

（1）形态特征： 平均株高46.2厘米，茎绿带褐色，叶绿色。块茎椭圆形，浅红皮黄肉，薯皮光滑，芽眼浅。薯块整齐度为中等，商品薯率为76.5%～88.0%。

（2）生长特性： 中晚熟，冬季种植生育期83～107天，比对照种粤引85～38长18天左右。抗病性接种鉴定为高抗晚疫病，高感青枯病。

（3）品质特征： 品质鉴定为优，品质分85分；理化品质检测结果：还原糖含量0.03%，维生素C含量42.00毫克/100克，蛋白质含量2.01%，块茎干物质含量17.37%，淀粉含量9.98%。

（4）生产性能： 一般亩产鲜薯2000公斤左右。

推广情况

适合我省粤东尤其是潮汕地区种植，目前已在广东省粤东地区（潮汕地区）大面积推广。

陇薯7号

审定编号：粤审薯2017001

品种来源：庄薯3号/菲多利

育 种 者：甘肃省农业科学院马铃薯研究所，广东省农业科学院作物研究所

联 系 人：李小波

特征特性

（1）形态特征：生长势强，分枝多，株高57厘米，茎绿色，叶绿色。块茎椭圆形，黄皮黄肉，薯皮光滑，芽眼浅。薯块整齐度中等，商品薯率84.6%~87.5%。

（2）生长特性：中晚熟，冬季种植生育期98~99天，比对照种粤引85-38长10～11天。抗病性接种鉴定为中抗晚疫病，抗寒性较好。

（3）品质特征：品质鉴定为优，分值8.1～9.0分。块茎干物质含量18.1%~19.4%，淀粉含量12.2%～14.6%，还原糖含量0.07%~0.11%，蛋白质含量1.94%~2.71%。

（4）生产性能：2015年参加省冬作马铃薯品种区试，平均亩产2743.34公斤，比对照种粤引85-38增产38.56%；2016年复试，平均亩产3403.29公斤，比粤引85-38增产19.86%。2016年同期进行生产试验，平均亩产2899.06公斤，比粤引85-38增产15.44%。

推广情况

适合我省冬种区种植和粤北早春种植，目前已在广东省粤东、西、北地区大面积试种。

花生

广东省各地市均可栽培春、秋植花生，常年花生播种面积520万~570万亩，亩产195公斤，总产量达110万吨，位居我国南方各省首位，在国家花生产业发展中扮演重要角色。全省花生生产中，珍珠豆型花生品种占95%，花生良种覆盖率达95%；秋植花生面积约占30%，一直担负着为南方各省供应秋留种子的重大任务。广东是全国重要的花生育种创新科研中心之一，拥有国家花生产业技术体系遗传改良岗位科学家1名和综合试验站1个，以及国家油料作物改良中心南方花生分中心等创新平台。目前，广东花生育种机构主要有广东省农科院作物研究所、仲恺农业工程学院、汕头市农业科学研究所、湛江市农业科学研究院等，一些种业企业也在积极探索花生商业化育种新模式。

广东省花生育种始于20世纪50年代的品种资源收存与鉴评工作，通过引种和鉴定评选出一批具有耐旱、耐瘠薄、适应性广等特性的优良农家种，普及推广了以狮头企、遁地雷和水口椪仔等为代表的珍珠豆型优良农家种；其中，源自澄海县（现汕头市澄海区）的狮头企因其具有良好的丰产性、稳产性和广泛的适应性等特点，而被全国各地广泛应用于杂交育种工作之中，与源自山东省的伏花生成为我国花生杂交育种工作的两大始祖亲缘。

随着20世纪60~70年代全国水利条件的改善和水田花生面积的扩大，花生育种目标主攻方向由传统的“耐旱、耐瘠薄、抗青枯病”，转为主攻“耐涝、耐湿、抗倒伏、抗落果”，选育推广了粤油22、狮油15、粤油551、粤选58和粤油116等品种；辐射诱变育种也取得良好成效，选育推广了辐矮50等品种。期间南北品种交流活跃，实践证明北方育成品种难以在南方生产上直接推广应用，而南方育成的某些品种则适宜北方推广应用，如白沙1016、狮油15等品种均曾在北方生产上大面积推广应用。

1969年我国南方发现花生锈病为害，70年代中后期我省花生大田在收获前普遍发生像“火烧状”锈病为害，因此80~90年代抗锈高产育种成为主攻方向，选育推广了汕油27、汕油523、汕油71、粤油223和湛油30等抗锈高产品种。

21世纪以来，育种目标呈现多元化、专用化趋势，选育推广了超高产品种粤油7号、仲恺花12等，油用型品种仲恺花1号、汕油21等，抗黄曲霉品种粤油9号、粤油20等，高产稳产品种仲恺花10号、湛油75、粤油13、汕油188等；育种技术呈现多样化、高新化趋势，如采用生物技术育成珍珠红1号，采用航天诱变技术育成航花2号，采用高压育种育成仲恺花99，采用辐射育种育成汕油辐1号等。

展望未来，高油酸为主的品质育种、食用加工专用型育种、航天诱变育种以及花生全程机械化育种等将成为各育种单位的主攻方向。

粤油13

审定编号：国品种鉴花生2006004，粤审油2006002

品种来源：[粤油202-35×（汕油523×台山三粒肉）F_1] F_5×中花87-77

育 种 者：广东省农业科学院作物研究所

联 系 人：周桂元

特征特性

（1）形态特征：株高中等、生势强，株型紧凑，主茎高48.1厘米，分枝长51.7厘米，总分枝数6.9条，有效分枝5.1条，主茎叶数14.8片，收获时主茎青叶数6.7片，叶片大小中等，叶色深绿。

（2）生长特性：珍珠豆型花生品种。全生育期春植126天、秋植110天。高抗叶斑病和锈病，叶斑病2.9级，锈病2.7级。抗倒性、耐旱性、耐涝性均较强。

（3）品质特征：单株果数16.7个，饱果率80.24%，双仁果率74.77%，荚果大，百果重193.2克，公斤果数622个，出仁率66.3%。含油率53.19%。

（4）生产性能：一般亩产干荚果310~320公斤。

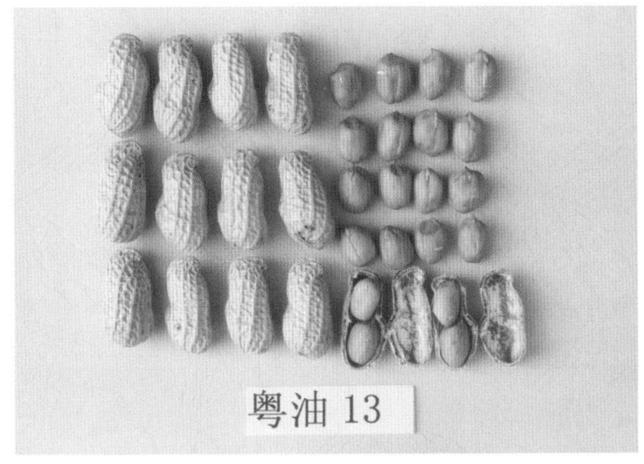

推广情况

该品种在广东、广西、福建、海南、云南及湖南南部广泛种植，据不完全统计种植面积达到300多万亩。2010—2016年广东省农业主导品种，2014年获广东省农业技术推广奖三等奖。

粤油52

审定编号：国品鉴花生2012017，粤审油2012005

品种来源：粤油193//粤油426/粤油256///鲁花14

育 种 者：广东省农业科学院作物研究所

联 系 人：周桂元

特征特性

（1）形态特征：株高中等、生势强。主茎高52.0～55.6厘米，分枝长54.8～58.2厘米，总分枝数7.2～7.4条，有效分枝数5.5～5.6条。主茎叶数18.2～18.4片，收获时主茎青叶数8.18～9.7片，叶片中等稍大，叶色绿。

（2）生长特性：珍珠豆型花生常规品种。春植全生育期120～130天，与汕油523相当。青枯病接种鉴定表现中抗。田间种植表现高抗叶斑病（2.2～2.3级），高抗锈病（2.2～2.5级），抗倒性、耐旱性和耐涝性均强。

（3）品质特征：单株果数14.4～15.4个，饱果率78.45%～82.96%，双仁果率77.45%～83.16%，百果重187～189克，公斤果数606个，出仁率64.2%～67.0%。品质鉴定含油率47.2%～49.2%，蛋白质含量26.36%～26.66%。

（4）生产性能：丰产性好，适应性广，一般亩产干荚果250~295公斤。

推广情况

目前已在广东、广西、福建、海南、云南及湖南南部等地种植。

航花2号

审定编号：国品鉴花生2013015，粤审油2012002

品种来源：粤油13太空诱变株系

育 种 者：广东省农业科学院作物研究所

联 系 人：周桂元

特征特性

（1）形态特征：株高中等、生势强，株型紧凑，主茎高48.1厘米，分枝长51.7厘米，总分枝数6.9条，有效分枝5.1条，主茎叶数14.8片，收获时主茎青叶数6.7片，叶片大小中等，叶色深绿。

（2）生长特性：全生育期128天。高抗叶斑病和锈病，叶斑病2.9级，锈病2.7级。青枯病接种鉴定表现中抗。田间种植表现中抗叶斑病（2.4～3.5级），中抗锈病（2.4～3.2级），抗倒性和耐旱性强，耐涝性中等。

（3）品质特征：单株果数16.7个，饱果率80.24%，双仁果率74.77%，荚果大，百果重193.2克，公斤果数622个，出仁率72.3%。品质鉴定含油率47.5%～51.6%，蛋白质含量24.74%～25.47%。

（4）生产性能：一般亩产干荚果261~300公斤。

推广情况

该品种目前已在广东、广西、福建、海南、云南及湖南南部广泛种植，据不完全统计到目前为止种植面积达到200多万亩。

粤油390

审定编号： 粤审油2014004

品种来源： 粤油7号/台南14

育 种 者： 广东省农业科学院作物研究所，山东圣丰种业科技有限公司

联 系 人： 周桂元

特征特性

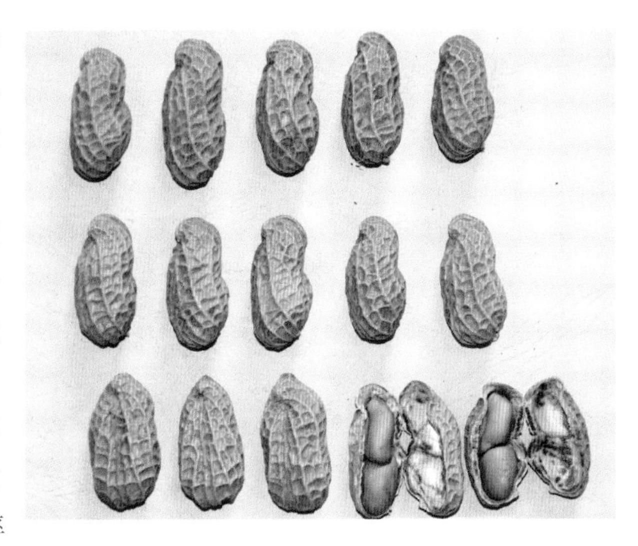

（1）形态特征： 株型紧凑，生势强。主茎高44.6厘米，分枝长50.9厘米，总分枝数6.9条，结果枝5.4条，主茎叶片数15.1片，收获时主茎青叶数6.6片，叶片大小中等，叶色深绿。

（2）生长特性： 珍珠豆型花生常规品种。春植全生育期126天。中抗青枯病，田间种植表现中抗叶斑病（3.0～3.6级），高抗锈病（2.9～3.0级），抗倒性、耐旱性和耐涝性均较强。

（3）品质特征： 单株果数17.7个，饱果率81.8%，双仁果率76.0%，百果重190克，公斤果数609个，出仁率65.0%~68.0%。含油率48.0%~51.15%，蛋白质含量24.5~25.4%，油酸含量42.3%，亚油酸含量36.1%，油亚比为1.17。

（4）生产性能： 一般亩产干荚果230~280公斤。

推广情况

目前已在广东惠州、河源、阳江、清远、湛江、茂名等地种植。

粤油18

审定编号：粤审油2015001

品种来源：粤油13/远杂9102

育 种 者：广东省农业科学院作物研究所，山东圣丰种业科技有限公司

联 系 人：周桂元

特征特性

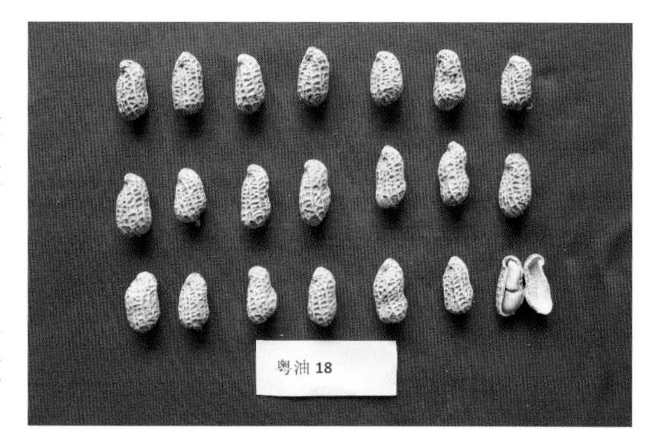

（1）形态特征：株高中等、生势强。主茎高43.9~47.5厘米，分枝长48.8~56.6厘米，总分枝数6.3~7.1条，有效分枝5.3~5.4条。主茎叶数16.4~16.6片，收获时主茎青叶数7.4~8.1片，叶片大小中等，叶色绿。

（2）生长特性：珍珠豆型花生常规品种，春植全生育期131天。高感青枯病，田间表现中抗叶斑病、锈病，抗倒性、耐旱性和耐涝性较强。

（3）品质特征：单株果数13.5~18.6个，饱果率77.4%~79.03%，双仁果率79.4%~82.3%，百果重185~195克，公斤果数588个，出仁率66.9%~ 68.8%。品质鉴定含油率49.1%~50.40%，蛋白质23.9%~24.2%。

（4）生产性能：丰产性好，一般亩产干荚果230~280公斤。

推广情况

适合省内水旱轮作田及旱坡地种植，栽培上要特别注意防治青枯病。目前已在广东惠州、河源、阳江、清远等地种植。

粤油41

审定编号：粤审油2016001

品种来源：粤油13/鲁花14

育 种 者：广东省农业科学院作物研究所

联 系 人：周桂元

特征特性

（1）形态特征：株高中等，生势强，株型紧凑，主茎高47厘米，分枝长53厘米，总分枝数7.0条，有效分枝5.6条。主茎叶数16.2片，收获时主茎青叶数7.4片，叶片大小中等，叶色绿。

（2）生长特性：珍珠豆型花生常规品种。春植全生育期129～131天，与粤油13相当。中抗青枯病，田间种植表现高抗叶斑病（2.4～2.6级）和锈病（2.5～2.8级），抗倒性、耐旱性和耐涝性均强。

（3）品质特征：单株果数16.5个，饱果率76.2%，双仁果率78.3%，百果重165.3克，公斤果数624个，出仁率66.6%。品质鉴定含油率48.0%～50.1%，蛋白质含量23.1%～24.0%。

（4）生产性能：一般亩产干荚果270~300公斤。

推广情况

目前已在广东惠州、河源、阳江、清远、湛江、茂名等地种植。

汕油52

审定编号： 粤审油2012001

品种来源： 粤油13/汕油212

育 种 者： 汕头市农业科学研究所

联 系 人： 张绍龙

特征特性

（1）形态特征： 株型直立紧凑，生势强。主茎高50.7~53.8厘米，分枝长54.7~57.2厘米，总分枝数6.5~7.2条，有效分枝5.0~5.8条；主茎叶数18.2~18.7片，收获时主茎青叶数7.9~8.3片，叶片大小中等，叶色绿。

（2）生长特性： 珍珠豆型花生常规品种。全生育期春植120~130天、秋植105~110天，与汕油523相当。青枯病接种鉴定表现中感。田间种植表现高抗叶斑病（2.0～2.3级）和锈病（2.1～2.3级），抗倒性、耐旱性和耐涝性均强。

（3）品质特征： 单株结果数15.7~18.7个，饱果率81.86%~83.45%。公斤果数626~652个，双仁果率81.2%~83.1%，百果重181克，百仁重67.0~69.0克，出仁率65.3%~68.3%，含油率46.0%~49.4%，蛋白质含量25.62%~27.56%。

（4）生产性能： 一般亩产干荚果270~290公斤。

推广情况

适宜广东省春、秋季种植，目前已在广东省各市推广，至2015年累计种植21.54万亩，栽培上要注意防治青枯病。2014年广东省农业主导品种，2014年申请植物新品种权（公告号：CNA012241E）。

汕油辐 1 号

审定编号：粤审油2014002

品种来源：由汕油212通过Co辐射诱变选育而成

育 种 者：汕头市农业科学研究所

联 系 人：张绍龙

特征特性

（1）形态特征：珍珠豆型，株型直立紧凑，生势强。主茎高52.8~60.3厘米，分枝长55.7~64.5厘米，总分枝数7.6~7.8条，有效分枝6.2~6.6条；主茎叶数17.1~17.3片，收获时主茎青叶数6.2~7.2片，叶片大小中等，叶色绿。果荚蚕茧形，中小果，壳薄，结荚性良好。

（2）生长特性：全生育期春植127~130天，秋植105~110天。中抗叶斑病（2.7~3.1级），高抗锈病（2.3~2.8级），青枯病人工接种鉴定为中感；抗倒性、耐旱性和耐涝性均较强。

（3）品质特征：单株果数18.4~23.3个，饱果率81.0%~86.6%。公斤果数692~748个，双仁果率78.3%~80.0%，百果重152~162克，百仁重64~66克，出仁率68.3%~72.5%。含油率49.75%~54.62%，蛋白质含量21.2%。

（4）生产性能：一般亩产干荚果260公斤左右。

推广情况

适宜广东省水旱轮作田种植，目前已在广东省各市推广，栽培上要注意防治青枯病。2017年惠州市农作物主导品种，2014年申请植物新品种权（公告号：CNA012243E）。

汕油诱1号

审定编号：粤审油2014001，国品鉴花生2014014

品种来源：由汕油212通过EMS（甲基磺酸乙酯）诱变选育而成

育 种 者：汕头市农业科学研究所

联 系 人：张绍龙

特征特性

（1）形态特征：珍珠豆型，株型直立紧凑，生势强。主茎高52.7~61.2厘米，分枝长55.1~64.2厘米，总分枝数5.9~6.7条，有效分枝5.0~5.6条。主茎叶数17.4~18.8片，收获时主茎青叶片数6.0~8.6片，叶片椭圆形、绿色、大小中等。结荚性良好，荚果蜂腰形，网纹较浅，缩缢深，果嘴短钝，中大果。

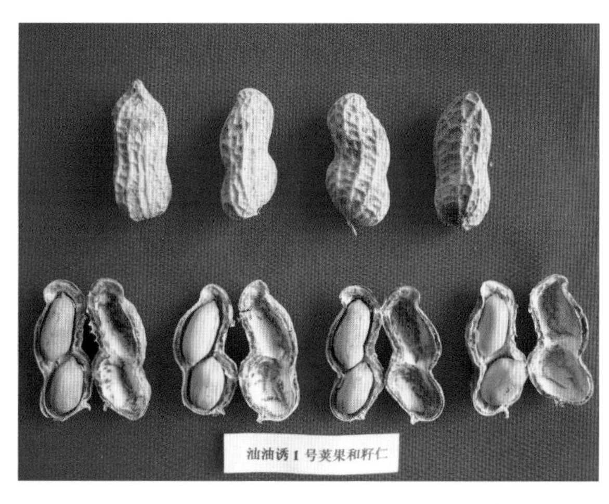

汕油诱1号荚果和籽仁

（2）生长特性：全生育期春植128~130天，秋植105~110天。高抗锈病（1.6~2.8级）和叶斑病（2.2~3.0级）；青枯病人工接种鉴定为中抗，自然病谱法鉴定为感病。抗倒性、耐旱性和耐涝性均较强。

（3）品质特征：单株果数15.0~18.0个，百果重168.0~193.1克，公斤果数606~660个，饱果率79.3%~82.5%，双仁果率80.8%~84.6%，出仁率65.8%~66.5%，百仁重65.0~71.2克。油分含量49.31%~53.45%，蛋白质含量21.40%~26.58%，油酸含量47.30%~47.60%，亚油酸含量32.50%~32.60%，油亚比（O/L）为1.46。

（4）生产性能：一般亩产干荚果260~310公斤。

汕油诱1号

推广情况

适宜广东省水旱轮作田及旱坡地和广西西部、福建、云南以及江西、湖南两省南部的花生产区种植。目前已在广东省各市推广，至2015年累计种植3.4万亩。2013年、2015年、2017年惠州市农作物主导品种，2014年申请植物新品种权（公告号：CNA012242E）。

湛油55

审定编号：粤审油2006001

品种来源：（湛油12/CS49）F_4//汕油523

育 种 者：湛江市农业科学研究院

联 系 人：陈傲

特征特性

（1）形态特征：珍珠豆型，株型直立紧凑，主茎高51.8厘米，分枝长55.5厘米，总分枝数7.7条，有效分枝6.3条。主茎叶数18.8片，收获时主茎青叶数8.4片，叶片大小中等，叶色绿。荚果蚕形，果嘴较短，网纹浅，籽仁椭圆形，种皮粉红色，无裂纹，果形、仁形美观。

（2）生长特性：生育期春植125天，秋植115天。具有较强的抗倒、抗旱和耐涝能力。高抗锈病、叶斑病，试验地田间自然发病叶斑病1.9级，锈病2.3级，均属高抗级。

（3）品质特征：单株果数16.5个，饱果率79.0%，双仁果率82.0%，百果重195克，公斤果数698个，出仁率69.8%。粗脂肪含量51.36%，粗蛋白的含量27.00%，油酸含量44.4%，亚油酸含量35.4%，油酸/亚油酸值为1.25。

（4）生产性能：一般亩产干荚果270~310公斤。

推广情况

该品种适应性较广，可在我国南方花生产区推广种植，目前已在广东、广西、海南、江西和福建等省（区）推广。2009年“花生新品种湛油55的推广应用”获得湛江市农业技术推广二等奖。

湛油55植株图

湛油75

审定编号： 粤审油2008004，国品鉴花生2010010

品种来源： 汕油523/粤油79

育 种 者： 湛江市农业科学研究院

联 系 人： 陈傲

特征特性

（1）形态特征： 珍珠豆型，株型直立紧凑，主茎高47.1～52.1厘米，分枝长50.6～54.9厘米，总分枝数7.8～8.5条，有效分枝6.1～6.3条。主茎叶数17.8～17.9片，收获时主茎青叶数8.2片，叶片大小中等，叶色绿。荚果蚕形，果嘴较短，网纹浅，籽仁椭圆形，种皮粉红色，无裂纹，果形、仁形美观。

（2）生长特性： 全生育期春植126天，秋植115天。具有较强的抗倒、抗旱、耐涝能力。高抗锈病，中抗叶斑病，试验地田间自然发病叶斑病3.0～3.1级，锈病2.4～2.8级。青枯病试验地田间发病率1.02%～1.4%，人工接种青枯病菌鉴定为高感。

（3）品质特征： 单株果数14.9～15.2个，饱果率79.6%～87.3%，双仁果率77.7%～82.7%，百果重176.8～182.8克，公斤果数658~699个，出仁率68.7%～69.9%。油分含量52.52%，蛋白质含量25.88%，油酸含量46.7%，亚油酸33.2%，油亚比1.41。

（4）生产性能： 一般亩产干荚果275~305公斤。

推广情况

该品种适应性较广，可在我国南方花生产区推广种植，目前已在广东、广西、海南、江西和福建等省（区）推广。2010年广东省农业主导品种，2012年“高产、优质、多抗花生新品种湛油75的选育与应用”获得湛江市科学技术一等奖。

湛红2号

审定编号：粤审油2009003，国品鉴花生2009010

品种来源：(湛油30/翁源竹丝)F_5//CS41

育 种 者：湛江市农业科学研究院

联 系 人：陈傲

特征特性

（1）形态特征：珍珠豆型花生常规品种，株高中等、生势强。主茎高48.2～53.1厘米，分枝长50.1～56.4厘米，总分枝数7.2～8.7条，有效分枝5.9～6.1条。主茎叶数13.0～16.1片，收获时主茎青叶数5.9～6.5片，叶片大小中等，叶色绿。

（2）生长特性：春植全生育期128天。试验地田间种植表现中抗叶斑病（2.8～3.1级），高抗锈病（2.3～2.9级）。人工接种青枯病菌鉴定为高感。

（3）品质特征：单株果数17.6～18.0个，饱果率84.0%～85.1%，双仁果率79.3%～80.0%，百果重144.1～157.2克，斤果数349.4～409.6个，出仁率为67.3%～70.3%。种衣鲜红色（为该品种的特色）。抗倒性、耐旱性和耐涝性强。含油率为51.6%～54.1%，蛋白质21.8%～24.6%，油酸含量54.4%，亚油酸含量25.3%，油酸/亚油酸值为2.15，属高油亚比品种。

（4）生产性能：一般亩产干荚果260~280公斤。

推广情况

该品种适应性较广，可在我国南方花生产区推广种植，目前已在广东、广西、海南、江西和福建等省（区）推广。2013年“高产、高油亚比、红衣花生新品种湛红2号的选育与应用”获得湛江市科学技术二等奖。

仲恺花1号

审定编号：国品鉴花生2008001，粤审油2006003

品种来源：湛油41/粤油193

育 种 者：仲恺农业工程学院，广东省华侨农场农业科学研究所

联 系 人：王丛丛

特征特性

（1）形态特征：出苗齐壮，株型紧凑直立。主茎高47.8厘米，分枝长52.5厘米，总分枝数6.8条，结果枝数5.8条；主茎叶数16.4片，收获时主茎青叶数7.1片，叶片大小中等、呈绿色。结荚整齐集中，果型美观、大小均一，壳薄纹细、籽仁饱满。

（2）生长特性：全生育期春植120~130天，秋植110天左右。高抗锈病和叶斑病，锈病2.1级，叶斑病2.4级；人工接种鉴定表现中抗青枯病。耐肥性、抗倒性、耐涝性和抗旱性等均表现强。

（3）品质特征：单株结果数16.5个，饱果率84.3%，公斤果数782个，单果率15.9%，百果重156.1克，百仁重59.2克，出仁率69.7%。高油耐贮，含油率高达55.2%，蛋白质含量23.4%，油亚比1.67。

（4）生产性能：一般亩产干荚果250~310公斤。

推广情况

适宜我国南方花生产区春秋季种植，目前已在广东、广西、海南、福建、江西、湖南、云南等南方花生产区推广种植，成为各地实施农业部花生万亩高产创建示范片的展示推广良种；“粤花粤有”等品牌花生油的首选原料。

2017年起入选全国花生联合体试验对照品种；2017年被评为广东省最受欢迎的农业主导品种，2008—2017年连年入选广东省农业主导品种；连续多年入选农业部花生高产创建重点品种，是广东省实施政府良种补贴采购量最大的花生品种。先后荣获广东省农业技术推广奖二等奖、江西省农牧渔业丰收奖二等奖、江西省赣州市科学技术奖三等奖。

仲恺花10号

审定编号：国品鉴花生2015011，粤审油2012003
品种来源：汕油212/3B-21
育 种 者：仲恺农业工程学院
联 系 人：王丛丛

特征特性

（1）形态特征：株型紧凑直立，分枝细实。主茎高52.2厘米，分枝长58.3厘米，总分枝数7.1条，结果枝数5.8条；主茎叶数16.4片，收获时主茎青叶数7.6片，叶片较大、深绿色。结荚整齐，集中果型美观、大小均一，充实饱满。

（2）生长特性：全生育期春植120~130天，秋植110天左右。高抗锈病和叶斑病，锈病1.6级，叶斑病2.6级；人工接种鉴定表现高抗青枯病。耐肥性、抗倒性、耐涝性和抗旱性等均表现强。

（3）品质特征：单株结果数14.4个，饱果率81.1%；公斤果数524个，单果率16.8%，百果重218.9克，百仁重81.4克，出仁率66.7%；含油率53.8%，蛋白质含量27.5%，油亚比1.33。

（4）生产性能：一般亩产干荚果270~300公斤。

推广情况

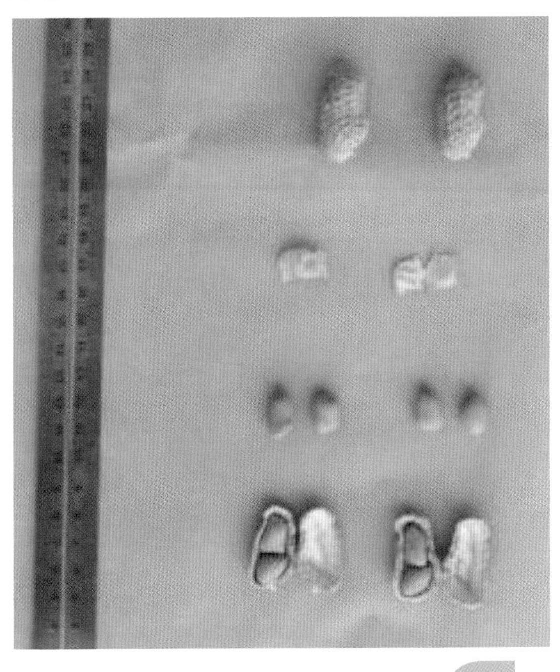

适宜我国南方花生产区春秋季种植，目前已在广东、广西、海南、福建、江西、湖南、云南等南方花生产区推广种植，并成为各地实施农业部花生万亩高产创建示范片的展示推广良种；“粤花粤有”等品牌休闲花生产品的主选原料。连续多年入选我省实施的农业部花生万亩高产创建示范片的重点品种。

仲恺花12

审定编号：粤审油2013001

品种来源：（粤油7号×桂花26）F_4/（仲恺花4号×仲恺花2号）F_1

育 种 者：仲恺农业工程学院

联 系 人：王丛丛

特征特性

（1）形态特征：株型紧凑，生势强健。主茎高51.6厘米，分枝长57.0厘米，总分枝数7.2条，结果枝数5.7条；主茎叶数16.5片，收获时主茎青叶数7.7片，叶片大、深绿色。

（2）生长特性：全生育期春植120~130天，秋植110天左右。高抗锈病和叶斑病，锈病2.3级，叶斑病2.6级；人工接种鉴定表现中感青枯病。耐肥性、抗倒性、耐涝性和抗旱性等均表现强。

（3）品质特征：单株结果数15.7个，饱果率78.8%；果大饱满，公斤果数523个，单果率14.7%，百果重221.0克，百仁重81.4克，出仁率64.8%；含油率51.1%，蛋白质含量26.5%。

（4）生产性能：一般亩产270~310公斤。

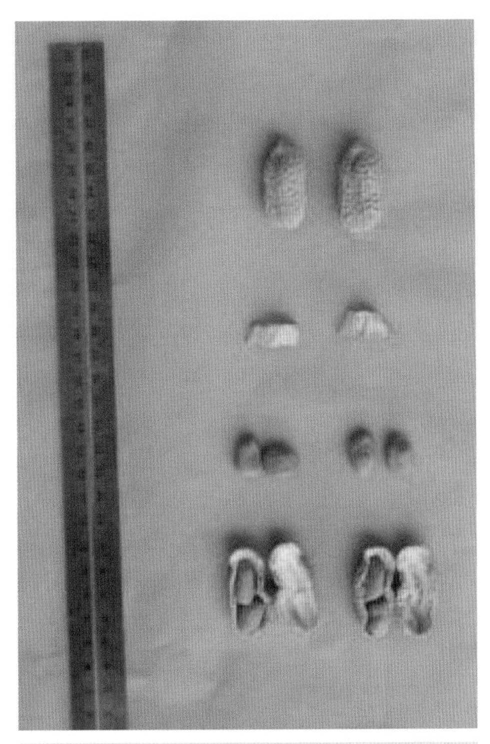

推广情况

适宜广东省及毗邻省份肥水条件较优的花生产区春秋季种植，尤其适宜于高产栽培，目前已在广东省及毗邻省份花生产区示范推广种植；“粤花粤有”等品牌休闲花生油的主选原料。连续多年入选我省实施农业部花生万亩高产创建示范片的重点品种。

仲恺花99

审定编号：粤审油2014003

品种来源：汕油851/高压处理变异材料K26-7

育 种 者：仲恺农业工程学院

联 系 人：王丛丛

特征特性

（1）形态特征：株型紧凑，生势强健。主茎高57.5厘米，分枝长60.3厘米，总分枝数6.2条，结果枝数4.9条；主茎叶数18.8片，收获时主茎青叶数8.0片，叶片大小中等、呈绿色。结荚整齐集中，中果充实饱满。

（2）生长特性：全生育期春植120~130天，秋植110天左右。高抗锈病和叶斑病，锈病、叶斑病均为2.9级；人工接种鉴定表现中抗青枯病。耐肥性、抗倒性、耐涝性和抗旱性等均表现强。

（3）品质特征：单株结果数14.8个，饱果率79.7%，公斤果数610个，单果率17.8%，百果重193.0克，百仁重81.4克，出仁率65.7%；含油率52.0%，蛋白质含量24.2%。

（4）生产性能：一般亩产240~295公斤。

推广情况

适宜广东省及毗邻省份花生产区春秋季种植，目前已在广东省及毗邻省份花生产区示范推广种植；“粤花粤有”等品牌休闲花生产品的主选原料。连续多年入选我省实施农业部花生万亩高产创建示范片的重点品种。

甘蔗

广东省种植甘蔗的历史悠久，在20世纪90年代以前曾是我国甘蔗的第一大产区，此后随着沿海经济的发展，蔗区面积逐步减少。当前广东甘蔗种植面积在260万亩左右，是粤西和粤北部分地区的主要经济作物。广东作为我国甘蔗主产区，在甘蔗品种选育与改良方面历史悠久，在甘蔗种质引进与创新、杂交甘蔗育种技术、品种选育与推广等方面取得了一系列成效，在国内具有较大的应用面积和行业影响力。

广东的甘蔗育种机构长期以来以原轻工业部甘蔗糖业研究所〔现广东省生物工程研究所（广州甘蔗糖业研究所）〕和广东省农业科学院原经济作物研究所（现作物研究所）为主，选育出“粤糖”和“粤农”等系列甘蔗品种在我国各大蔗区推广种植，为我国甘蔗糖业的发展做出了重大贡献，如历史上曾大面积推广的新台糖16号、粤糖57-523、粤糖63-237、粤糖86-368、粤农81-762、粤农81-342等，“十一五”“十二五”期间育成特早熟高糖高产品种粤糖93-159、粤糖00-236、粤糖03-393等为制糖企业提早开榨和提高出糖率，降低食糖生产成本、优化甘蔗品种结构起到重大作用。此外，广东在甘蔗种质资源保育和创新利用方面也居国内领先地位。广东省生物工程研究所（广州甘蔗糖业研究所）在海南三亚建设的海南甘蔗育种场是我国最为主要的甘蔗杂交育种基地，在割手密、斑茅等近缘植物创新利用上取得了显著成效，育成的“崖城”系列亲本为拓宽我国甘蔗育种基础做出了重要贡献，建国迄今，我国大陆育成的绝大部分品种都是由该场提供的杂交花穗选育的。广东省农业科学院作物研究所育成的粤农73-204、华南56-12、华南56-21等“粤农”系列种质是我国甘蔗育种的重要亲本，全国各育种单位仅利用粤农73-204作为亲本已育成10多个品种，取得显著成效。近年来，该所积极开展甘蔗分子育种，选育出一批抗虫、抗除草剂和抗旱的转基因甘蔗新品系。

当前，我国甘蔗生产模式正由以人工为主的生产模式向全程机械化模式转变。选育适应机械化种植、管理、收获的高产、宿根性强、整齐度好的优良品种已经成为当前甘蔗育种的主攻方向，该目标的实现需要从种质资源创新、选种方法转变等多方面进行努力，广东在我国甘蔗育种领域具有扎实的基础和实力，在承担选育符合新型生产条件的优良品种方面具有重要的历史责任。

粤糖93-159

审定编号： 粤审糖2002001

品种来源： 粤农73-204/CP72-1210

育 种 者： 广东省生物工程研究所（广州甘蔗糖业研究所）

联 系 人： 杨俊贤

特征特性

（1）形态特征： 中至中大茎，实心，基部较粗，节间较长，略呈腰鼓形，后枕突出，无芽沟。蔗茎未露光部分青黄色，露光后黄绿色。芽体较小，卵圆形，基部近叶痕，顶端不超生长带。叶色淡绿，新叶直立，老叶弯垂成弓形。叶鞘青绿而略带淡黄色，57号毛群中等。内叶耳披针形，外叶耳三角形。

（2）生产特性： 萌芽快而整齐，萌芽率高，分蘖力强。前、中期生长快，封行早，易控制杂草。该品种在湛江蔗区种植，有的年份孕穗开花。中至中大茎，茎径均匀，有效茎数多，易脱叶，无水裂，无气根。抗风力强，不易风折和倒伏，且台风过后恢复生长快。宿根蔗发株早而多，宿根性能好。高抗黑穗病、嵌纹病，未发现黄点病、褐条病、锈病及眼点病。

（3）生产性能： 特早熟、高糖、高产，是目前工、农艺性状结合得较为理想的甘蔗新品种。据多年新植、宿根试验结果，平均亩产6828公斤，亩含糖量1114.7公斤，比当家品种新台糖10号增产14.0%，增产糖29.3%。11月甘蔗蔗糖分15.01%，比新台糖10号高1.89个百分点。11月至翌年1月平均甘蔗蔗糖分16.20%，比新台糖10号高1.86个百分点。

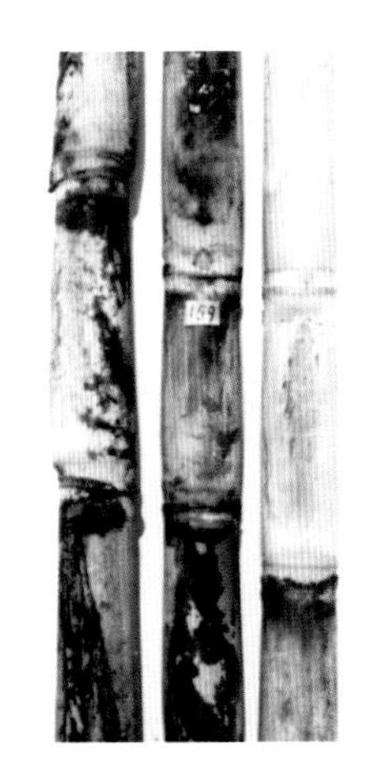

推广情况

适宜我国南方各省（区）水肥条件中等或中等以上的旱坡地、水旱田（尤其水旱田）种植，目前该品种已在广东、广西、云南、海南等蔗区推广。2002年获湛江市科技进步一等奖，2003年获广东省科技进步三等奖。

粤糖83-271

鉴定编号：轻科国鉴字93004

品种来源：CP72-1210/华南56-12

育 种 者：广东省生物工程研究所（广州甘蔗糖业研究所）

联 系 人：刘福业

特征特性

（1）形态特征：植株高大，直立，中大茎。蔗茎遮光部分呈青绿色带白色，露光后呈黄绿色，节间圆筒形，生长带较宽，呈青绿色。芽呈圆形，芽翼中等宽，芽顶端不达生长带，芽沟不明显，芽基微陷入叶痕，叶片较宽厚，叶鞘毛群稀少。叶耳短小披针形，肥厚带三角形。

（2）生长特性：早熟种，萌芽好，分蘖力较强，蔗茎均匀、实心，群体整齐，前中期生长快，全生育期生势旺盛，宿根性好，有效茎数多，生长直立，叶鞘无毛，易剥叶，抗风力较强，适应性较广，蔗糖分较高，高产稳产。该品种在生长前中期有较度的嵌纹病和梢腐病。

（3）生产性能：据历年区试及表证示范结果，粤糖83-271新宿蔗平均亩产7234公斤，亩含糖量1056公斤，比粤糖63-237增产14.0%、增糖20.5%。其中新植蔗增产13.0%、增糖18.6%，宿根蔗增产19.3%、增糖30.7%。甘蔗蔗糖分新、宿蔗历年平均，粤糖83-271为14.53%，比粤糖63-237高0.83个百分点。其中新植蔗11月至翌年1月蔗糖分分别为13.29%、15.00%和15.60%，平均蔗糖分为14.57%，比粤糖63-237高0.84、0.50、0.90个百分点，平均蔗糖分高0.71个百分点；宿根蔗11月至翌年1月蔗糖分分别为13.68%、15.06%和14.04%，平均蔗糖分14.30%，比粤糖63-237分别高1.26、1.57、1.78个百分点，平均蔗糖分高1.43个百分点。

推广情况

该品种主要在广东、广西等蔗区推广。

粤糖86-368

审定编号： 国审糖2002005

品种来源： 台糖160/粤糖71-210

育 种 者： 广东省生物工程研究所（广州甘蔗糖业研究所）

联 系 人： 刘福业

特征特性

（1）形态特征： 中大茎，蔗茎遮光部分呈紫红色，露光后呈褐紫色，蜡粉较厚，节间圆筒形，节间较长无水裂。根带较窄，根点较小。芽卵圆形或近圆形，顶端不超生长带，无芽沟。叶片中阔、略短、散生，叶鞘青绿而略带紫红色，鞘背无毛，老叶易脱落。肥厚带较大，呈三角形，内侧边缘有毛，内叶耳短呈钩形，外叶耳过渡形。

（2）生长特性： 中熟品种，萌芽、分蘖好，前期生长稳健，拔节后生长快，生势旺，后期尾力足。蔗茎均匀、实心，有效茎数较多，宿根发株良好，病虫害较少，不抽穗开花，耐旱性强，抗风，晚剥叶。

（3）生产性能： 据7年29点次区试和表证示范试验结果，新植蔗平均亩产7077公斤，亩含糖量969公斤，11～12月平均蔗糖分为13.97%，比粤糖63-237增产蔗32.4%，增糖33.7%，蔗糖分提高0.1个百分点。宿根蔗平均亩产5927公斤，亩产含糖量847公斤，11月至翌年1月平均蔗糖分14.18%，比粤糖63-237增产31.1%，增糖33.2%，蔗糖分提高0.17个百分点。

推广情况

该品种主要在广东、云南、广西、四川等蔗区推广。2001年获湛江市科技进步三等奖。

粤糖94-128

审定编号：粤审糖2005001

品种来源：湛蔗80-101/新台糖1号

育 种 者：广东省生物工程研究所（广州甘蔗糖业研究所）

联 系 人：刘福业

特征特性

（1）形态特征：植株生长直立，中至中大茎，基部粗大，节间圆筒形，无水裂，无气根。蔗茎未露光部分淡黄色，露光部分经阳光暴晒后青黄色。芽体较大，卵形，基部近叶痕，顶端不超生长带。叶色青绿，叶片较短，宽度中等，新叶直立，老叶顶端弯垂。鞘背无57号毛群，易脱叶。内叶耳较长，披针形，外叶耳过渡形。

（2）生长特性：萌芽快而整齐，萌芽率高，分蘖早，分蘖力特强，拔节前生长稍慢，拔节后生长快，生势旺，后期不早衰。蔗茎中至中大茎，茎径均匀，有效茎数多。宿根蔗发株早而多，宿根性特强。粗生耐旱，抗风力强，不易风折和倒伏。人工接种检验结果，高抗黑穗病、嵌纹病。大田自然感染结果，抵抗黄点病、叶焦病、褐条病、锈病及梢腐病，绵蚜虫为害少，螟害率较低。

（3）生产性能：1996—2001年6年试验结果，新植、宿根平均亩产蔗量8.356吨，亩含糖量1.321吨，比新台糖10号增产蔗33.9%，增产糖37.85%。甘蔗蔗糖分11月14.32%，12月15.83%，1月16.31%，分别比新台糖10号高0.33、0.55、0.48个百分点。11月至翌年1月平均蔗糖分15.48%，比新台糖10号高0.45个百分点。

推广情况

该品种主要在广东、广西百色和来宾等蔗区推广。

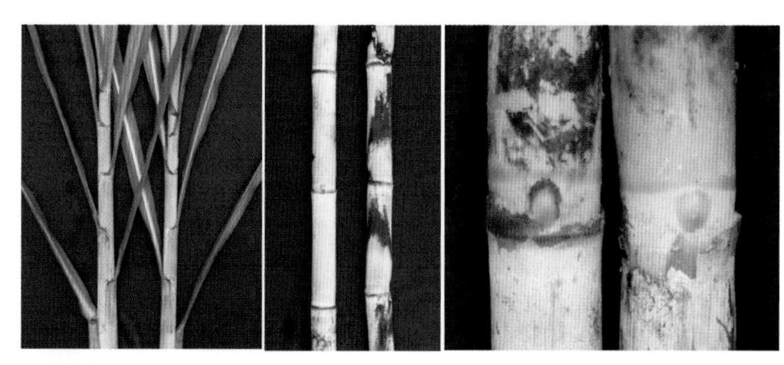

粤糖00-236

审定编号：粤审糖2008001

品种来源：粤农73-204/CP72-1210

育 种 者：广东省生物工程研究所（广州甘蔗糖业研究所）

联 系 人：杨俊贤

特征特性

（1）形态特征：中至中大茎，茎径均匀，无水裂，基部较粗，节间略呈圆锥形，无芽沟。蔗茎未露光部分淡黄色，露光部分经阳光曝晒后青黄色。芽体较小，卵圆形，基部离叶痕，顶端仅达生长带。芽翼宽度中等，着生于芽的上半部，芽孔近顶端。叶色淡绿，叶片稍窄、略短，心叶直立，老叶散生。叶鞘青绿色，57号毛群稀少。内叶耳披针形，外叶耳三角形。

（2）生长特性：萌芽快而整齐，分蘖力强，前期生长稍慢，拔节后生长转快，全生长期生长稳健，后期不早衰。原料茎数多，易脱叶，不易风折和倒伏。宿根蔗发株早而多，宿根性好。人工接种检验结果，抗黑穗病、高抗嵌纹病。大田自然感染结果，抵抗黄点病、褐条病及锈病，抗黑穗病、高抗嵌纹病。

（3）生产性能：特早熟、高糖，适合糖厂开榨初期采收，且采收期可延至翌年1月。2002—2004年品比试验结果，粤糖00-236新、宿平均亩产蔗7.164吨，亩含糖量1.207吨，比新台糖10号增产蔗28.6%，增产糖45.5%。甘蔗蔗糖分10月14.89%、11月17.24%、12月18.12%、1月18.17%，分别比新台糖10号提高1.74、2.23、1.86、1.29个百分点。10月至翌年1月平均蔗糖分17.10%，比新台糖10号提高1.78个百分点。

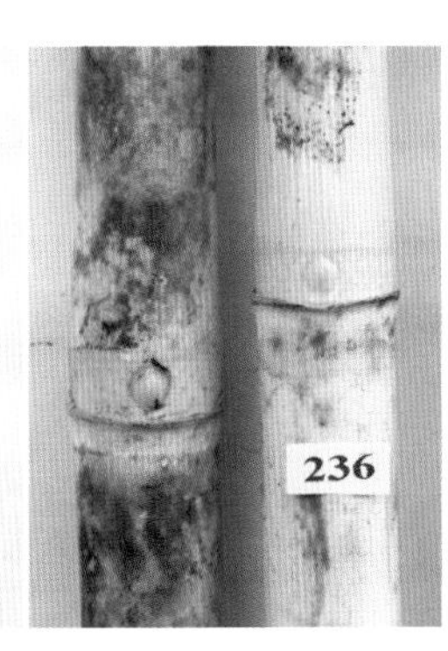

推广情况

该品种已在广东、广西、云南、海南等蔗区推广。2009年获湛江市科技进步一等奖，2010年获广东省科技进步三等奖。

粤糖03-373

鉴定编号：国品鉴甘蔗2011001

品种来源：粤农73-204/CP72-1210

育 种 者：广东省生物工程研究所（广州甘蔗糖业研究所）

联 系 人：吴文龙

特征特性

（1）形态特征：中大茎，节间圆筒形，无芽沟；遮光部分浅黄白色，露光部分浅黄绿色；蜡粉带明显，蔗茎均匀，无气根。芽体中等，卵形，基部离叶痕，顶端不达生长带；根点2~3行，排列不规则。叶片长度中等、宽度中等，心叶直立，株型较好；叶鞘遮光部分浅黄色，露光部分青绿色；易脱叶，57号毛群较发达；内叶耳较长、呈枪形，外叶耳呈三角形。

（2）生长特性：萌芽较好，分蘖力强，前期生长略慢、中后期生长较快，不早衰，植株中高；中大茎至大茎，蔗茎均匀，有效茎数多，易脱叶，无气根，较粗生耐旱，抗风、抗病虫害能力较强。

（3）生产性能：参加广东省甘蔗新品种区域试验，5点2年新植1年宿根3造次平均，蔗茎产量6686公斤/亩，比新台糖10号增产10.9%，比新台糖16号增产11.0%，比新台糖22号增产3.9%。平均含糖量1028公斤/亩，比新台糖10号、新台糖16号、新台糖22号分别增糖16.7%、16.0%和9.6%。甘蔗蔗糖分11月为14.68%、12月为15.70%、次年1月为15.73%，11月至翌年1月平均达15.37%，比新台糖10号高0.80个百分点，比新台糖16号高0.65个百分点，比新台糖22号高0.75个百分点。

推广情况

该品种主要在广东、广西、云南等蔗区推广。2016年获湛江市科技进步二等奖。

粤糖03-393（粤糖60号）

鉴定编号：国品鉴甘蔗2011002

品种来源：粤糖92-1287×粤糖93-159

育 种 者：广东省生物工程研究所（广州甘蔗糖业研究所）

联 系 人：杨俊贤

特征特性

（1）形态特征：中大茎至大茎，植株生长直立，节间圆筒形，无芽沟；遮光部分浅黄白色，露光部分浅黄色；蜡粉带明显，无气根，蔗茎均匀。芽体中等，卵形，基部近叶痕，顶端不达生长带；根点2~3行，排列不规则。叶色淡青绿，叶片长度较长、宽度中等，心叶直立，叶姿好（企直），植株紧凑；叶鞘遮光部分浅黄色，露光部分浅绿色；易脱叶，57号毛群不发达；内叶耳枪形，外叶耳缺如。

（2）生长特性：萌芽快而整齐，出苗率较高，分蘖较早，分蘖力一般，前中期生长快、中后期生长稳健，后期不早衰，植株高；中大茎至大茎，蔗茎均匀，有效茎数较多，易脱叶，无气根，较粗生耐旱，抗风折、抗病虫害能力较强；台风过后恢复生长快。甘蔗蔗糖分比新台糖16号和新台糖22号均高，而且早熟，适合制糖企业11月至翌年3月采收。

（3）生产性能：2009—2010年参加国家甘蔗品种第七轮区域试验结果，2年新植1年宿根平均亩产8056.7公斤，比新台糖16号增产27.32%，比新台糖22号增产10.04%；平均亩含糖量1164公斤，比新台糖16号增糖26.32%，比新台糖22号增糖10.02%；11~12月平均蔗糖分14.53%，1~3月平均蔗糖分15.92%，全期平均蔗糖分15.30%。对黑穗病的抗性级别为6级，抗性反应型为感，株高伤害率和产量损失率均小于30%，抗旱性强。

推广情况

该品种主要在广东、广西、云南、海南等蔗区推广。2015年获湛江市科技进步一等奖。

粤糖04-245

审定编号：粤审糖2011002

品种来源：粤糖94-128/美国特早CP72-1210

育 种 者：广东省生物工程研究所（广州甘蔗糖业研究所）

联 系 人：吴文龙

特征特性

（1）形态特征：中至中大茎，节间较长、呈圆筒形、略呈“之”字形排列。蔗茎遮光部分浅黄绿色，露光暴晒后呈浅青绿色，蜡粉带较明显。茎径均匀，少量水裂、无气根。芽体较小，卵形，基部离叶痕，顶端达生长带，芽翼较窄，芽孔着生于芽的顶端。根点2~3行，排列不规则。叶色淡绿，叶片长、宽度中等，心叶直立。叶姿呈直尾散型。叶鞘遮光部分浅青绿色，露光部分浅黄色。易脱叶，无57号毛群。内叶耳短，呈三角形，外叶耳缺如。

（2）生长特性：萌芽快而整齐，出苗率较高，分蘖较早，分蘖力中等。全生长期生长稳健，植株较高。蔗茎中大茎，蔗茎均匀，有效茎数较多，光滑易脱叶，无气根，较粗生耐旱，抗风、抗病虫害能力较强。台风过后恢复生长较快。

（3）生产性能：2008—2009年参加广东省区域试验，新、宿两年15点次试验结果平均，粤糖04-245亩产蔗6292公斤，亩含糖量1010公斤，比新台糖10号、新台糖16号和新台糖22号分别增产蔗29.7%、26.2%和6.8%，分别增糖44.1%、35.8%和16.2%；甘蔗蔗糖分11月15.07%，12月16.24%，1月16.89%，11月至翌年1月平均16.07%，比新台糖10号依次提高1.93%、1.25%、1.23%和1.47%，比新台糖16号依次提高1.29%、0.89%、1.07%和1.09%，比新台糖22号依次提高1.66%、1.24%、0.94%和1.28%。生产试验结果，亩产蔗6736公斤，含糖量1066公斤，比新台糖10号、新台糖16号和新台糖22号分别增产蔗26.9%、29.4%和5.5%，分别增糖42.5%、39.0%和14.3%；甘蔗蔗糖分11月14.68%，12月15.95%，1月16.76%，11月至翌年1月平均蔗糖分15.80%，比新台糖10号依次提高2.02%、1.69%、1.31%和1.68%，比新台糖16号依次提高1.20%、1.14%、0.85%和1.07%，比新台糖22号依次提高1.37%、1.10%、0.96%和1.15%。

推广情况

该品种主要在广东、广西等蔗区推广。2014年获湛江市科技进步二等奖。

粤糖06-233

鉴定编号：国品鉴甘蔗2016001

品种来源：粤农73-204/CP72-1210

育 种 者：广东省生物工程研究所（广州甘蔗糖业研究所）

联 系 人：潘方胤

特征特性

（1）形态特征：中大茎，节间长度中等，圆筒形，略呈之字形，有细浅芽沟，蔗茎遮光部分浅黄白色，露光部分黄绿色，蜡粉中厚，蜡粉带不明显，无水裂无气根。根点2~3行，排列不规则。芽体中等，卵形，基部离叶痕，顶端超出生长带。芽翼着生于芽的上部，较小。萌芽孔位于芽的顶端。叶色浅绿，叶片长度、宽度中等，心叶直立，叶姿挺直。叶鞘遮光部分浅黄绿色，露光部分黄绿色。无57号毛群。极易脱叶，内叶耳长枪形，外叶耳缺如。

（2）生长特性：中熟高糖、丰产稳产，萌芽率较高，分蘖较早较多、分蘖力较强，全生长期生长稳健，后期尾力足，中大茎，茎径均匀，茎形好，有效茎数多。宿根蔗发株早且较整齐，宿根性能较好。

（3）生产性能：2014—2015年，粤糖06-233参加国家第十轮甘蔗新品种区域试验，经我国华南蔗区广西、云南、广东、福建、海南5省（区）14个试点，2年新植1年宿根28点次试验结果汇总：平均蔗茎产量7188 kg/亩，比对照新台糖22号增产1.55%，与对照新台糖22号比8点次增产；平均亩含糖量1047公斤，比对照新台糖22号增糖4.54%，与对照新台糖22号比8点次增产；11月至翌年1月平均甘蔗蔗糖分13.86%，12月至翌年2月平均甘蔗蔗糖分14.61%，1~3月平均甘蔗蔗糖分14.98%，全期平均甘蔗蔗糖分14.27%，比新台糖22号增加0.27个百分点。宿根平均蔗茎产量6825公斤/亩，比对照新台糖22号增产3.20%，平均亩含糖量975公斤，比对照新台糖22号增产糖4.44%。

推广情况

该品种主要在广东、广西、云南等蔗区推广。

粤糖08-196

审定编号：粤审糖20170002

品种来源：Q208/（QC90-353+QS72-1058）

育 种 者：广东省生物工程研究所（广州甘蔗糖业研究所）

联 系 人：齐永文

特征特性

（1）形态特征：中大茎，易脱叶，节间圆筒形，“之”字形排列，无芽沟，露光部分褐青色，遮光部分黄绿色，蜡粉带明显，茎均匀，无气根，有水裂。芽体中等，圆形、基部近叶痕，顶端不达生长带。根点2~3行，排列不规则。叶片较长，宽度中等，叶脉较发达，心叶直立，叶姿企直，株形紧凑，叶鞘绿色带紫斑，57号毛群疏，内叶耳三角形，外叶耳退化。

（2）生长特性：较早熟。萌芽好、分蘖多，全生长期生长较快、植株较高，有效茎数多。11 ~ 1月平均蔗糖分为15.34%。人工接种表现中抗黑穗病、高抗花叶病，田间表现抗风折。

（3）生产性能：2012—2014大区品比试验结果，粤糖08-196新植蔗平均蔗糖分11月13.76%、12月14.25%、1月15.07%；宿根蔗平均蔗糖分11月达13.81%，12月达14.26%，1月达15.20%。蔗茎产量新植蔗6290公斤/亩，宿根蔗5886公斤/亩。

推广情况

主要在广东、广西、云南等蔗区推广。

蔬菜

广东省属于东亚季风区，是我国光、热和水资源最丰富的地区之一，适宜蔬菜常年种植，是我国重要的蔬菜生产省份，是我国蔬菜“南菜北运”大流通的重要基地，也是我国港澳地区蔬菜主要供应地。广东省蔬菜品种丰富多样，蔬菜生产主要以叶菜类为主，占蔬菜总产量的 40% 左右，其次是瓜菜类、块根块茎类、茄果类、菜用豆类等。

近年来，广东省农业部门通过加大品种结构种植引导，强化质量监管，加强产销衔接，总体保障了全省主要“菜篮子”产品安全有效供给和市场稳定运行。由于消费需求的旺盛，以及政府支持力度的加大，广东蔬菜产业保持着良好的发展态势。蔬菜作为广东农业的主导产业之一，“十二五”时期，生产规模扩大、生产水平提升、生产步伐加快，生产能力增强，面积、产量、单产“三量齐增”。2015 年，广东蔬菜播种面积和产量分别为 2072.97 万亩和 3438.78 万吨，比 2010 年增加 303.28 万亩和 720.19 万吨，分别增长 17.14% 和 26.49%，年均增速为 3.21% 和 4.81%，均高于“十一五”时期的年均增长速度（0.29%、0.93%）；占全国蔬菜总产量的比重由 2010 年的 4.2% 上升为 4.4%，略有提高。随着科技水平的提高和蔬菜品种的改良，蔬菜生产能力不断增强。2015 年，广东蔬菜亩产为 1659 公斤 / 亩，为历史最高水平。“十二五”时期，全省蔬菜平均亩产为 1615 公斤 / 亩，比“十一五”时期增加 128 公斤 / 亩，增长 8.6%。2015 年广东蔬菜亩产比 2010 年增加 123 公斤 / 亩，增长 7.99%，年均增速为 1.55%。蔬菜生产已成为广东当地农民的主要收入来源之一。在种植业主要品种中，蔬菜的亩均净利润最高、为 6276.18 元 / 亩。

现将广东高产、优质、抗逆、抗病及适合出口的蔬菜品种，以及名特产蔬菜品种编录如下，以进一步推广。

碧绿粗苔菜心

审定编号： 粤审菜2010010

品种来源： 广州市花都区联兴菜场油绿菜心变异株

育 种 者： 广东省农业科学院蔬菜研究所

联 系 人： 陈汉才

特征特性

（1）形态特征： 植株粗壮，整齐，美观，株高24.7厘米，株幅22.4厘米，株形直立。叶片椭圆形，油绿色，叶长16.2厘米，叶宽8.8厘米，叶柄长5.0厘米，叶柄宽1.4厘米。主薹高18.4厘米，薹粗1.5厘米，单薹质量25.0克，薹色油绿有光泽。

（2）生长特性： 生长势较强，全生育期95~100天，播种至初收为28~33天。在适播期内表现出较好的适应性，耐热性、耐涝性中等；田间表现较抗霜霉病、炭疽病和软腐病。

（3）品质特征： 商品率高，味脆甜，品质优。可溶性固形物含量4.3%，粗蛋白含量2.8%，还原糖含量0.95%，维生素C含量135毫克/100克。

（4）生产性能： 秋季种植一般亩产580~870公斤。

推广情况

适宜广东各地秋季种植，广东省2012—2013年、2015—2017年农业主导品种。

油绿501菜心

审定编号：粤审菜2011003

品种来源：广州市花都区宏昌菜场碧绿油菜心群体变异株

育 种 者：广州市农业科学研究院

联 系 人：黄红弟

特征特性

（1）形态特征：株型直立、矮壮，基叶圆形，株高28.5厘米，开展度21.3厘米；叶片长18.3厘米，叶片宽10.2厘米，叶柄长5.2厘米，叶柄宽1.6厘米；叶片主脉较明显，薹叶短卵形、油绿有光泽；菜薹矮壮、节疏、匀称，绿有光泽，肉质紧实，无凌沟，主薹高18.4厘米，薹粗1.7~2.0厘米，薹重40.3克。

（2）生长特性：常规早熟品种，生长势强。以收主薹为主，播种至初收为32~35天，延续采收6~8天，抽薹整齐，菜薹粗壮，齐口花。田间表现耐热、耐湿、耐涝性较强，抗炭疽病和软腐病。

（3）品质特征：质地爽脆，味甜，纤维少，品质优。维生素C含量128毫克/100克，粗蛋白含量2.5%，还原糖含量0.77%，可溶性固形物含量3.9%。

（4）生产性能：适应性广，丰产稳产，一般亩产800~1200公斤。

推广情况

适宜华南地区种植，珠三角地区于4月下旬至11月上旬均可种植。目前已在广东、广西、湖南、湖北等地推广应用。该品种2013年获得广东省农业技术推广奖二等奖、2015年获得广州市科学技术奖三等奖。

油绿702菜心

审定编号：粤审菜2012012

品种来源：长合70天菜心A-3-1/绿宝70天菜心B-2-3

育 种 者：广州市农业科学研究院

联 系 人：黄红弟

特征特性

（1）形态特征：株型直立紧凑，株高24.9厘米，株幅15.9厘米，基叶短卵形、深油绿色，叶长18.6厘米，宽8.2厘米，叶柄长7.6厘米，叶柄宽1.9厘米；菜薹粗壮、匀称，色碧绿有光泽，肉质紧实，主薹高22.4厘米，主薹粗1.7厘米，质量40克左右。

（2）生长特性：常规中熟品种，生长势强。从播种至初收为36~40天。抽薹整齐，花球大，齐口花，田间表现抗霜霉病、软腐病等病害，耐涝性强、耐寒性较强。

（3）品质特征：味甜，爽脆，纤维少，品质优，还原糖含量1.33%、维生C含量138.7毫克/100克、粗蛋白含量0.94%、粗纤维含量0.66%。

（4）生产性能：适应性广，丰产性好，每亩产量900~1300公斤。

推广情况

适宜全国各地种植，适宜气温为广东平原地区10~12月中旬及3月中旬至4月上旬。目前已在广东、广西、湖南、湖北、四川、重庆、北京、昆明、宁夏回族自治区（简称宁夏）等地推广应用。该品种2015—2017年连续3年评为广东省、广州市蔬菜主导品种。获得广东省农业技术推广奖二等奖、广州市科学技术奖三等奖。

油绿802菜心

审定编号：粤审菜2012013

品种来源：东莞80天菜心A-7-1/香港80天菜心B-6-1

育 种 者：广州市农业科学研究院

联 系 人：张华

特征特性

（1）形态特征：株型紧凑、矮壮，基叶圆形，株高22.7厘米，株幅19.3厘米；叶片长22.0厘米，叶片宽10.1厘米，叶柄长8.0厘米，叶柄宽1.5厘米；叶片主脉较明显，菜薹矮壮、匀称，绿色有光泽，肉质紧实，主薹高17.6厘米，横径1.6厘米，菜薹质量45克左右。

（2）生长特性：迟熟菜心品种，生长势强，播种至初收38~45天，以收主薹为主，抽薹整齐，花球大，齐口花。田间表现抗霜霉病、软腐病等病害，耐寒性较强。

（3）品质特征：味甜，爽脆，纤维少，品质优，还原糖含量1.15%，维生素C含量164毫克/100克，粗蛋白含量0.6%，可溶性固形物含量3.9%，粗纤维含量0.78%。

（4）生产性能：适应性广，丰产性好，亩产量约1500公斤。

推广情况

适宜全国各地种植，适宜气温为广东平原地区10月下旬至12月及2月下旬至3月。目前已在广东、广西、湖南、湖北、四川、重庆、北京、昆明、宁夏等地推广应用。2013年获得广东省农业技术推广奖二等奖、2015年获得广州市科学技术奖三等奖。

揭农4号小白菜

审定编号：粤审菜2011007

品种来源：从江苏地方品种矮箕大黄叶（无锡白）群体中选出的变异单株

育 种 者：揭阳职业技术学院，揭阳市保丰种子有限公司，仲恺农业工程学院

联 系 人：吴志伟

特征特性

（1）形态特征：抗病性强，植株强壮，直立紧凑，叶柄扁大，纯白色，叶厚大，近圆形，黄绿色。商品菜株高27.7~28.9厘米，开展度24.7~25.4厘米，总叶片数7~8片；叶片长26.6~27.1厘米，叶宽16.4~16.7厘米，卵圆形，全缘，绿色；叶面平滑无刺毛，无蜡粉，主脉白色，支脉浅绿色；叶柄及中肋长12.9~13.3厘米，叶柄宽2.9~3.0厘米，叶柄厚6.0毫米，叶柄扁，基部内凹，无叶翼，白色；商品菜的单株净重72.2~92.6克，净菜率94%。

（2）生长特性：冬性较强，中早熟，全生育期60天左右。广东地区9月至翌年4月下种，播种后约30天开始收获。田间表现对病毒病、软腐病和叶斑病的抗性较强；耐寒，耐湿，特别耐抽薹。

（3）品质特征：质脆嫩，纤维少，食味清甜，品质优。可溶性固形物含量3.87%，维生素C含量35.1毫克/100克，粗蛋白含量1.38%，粗纤维含量0.44%。

（4）生产性能：适应性广，丰产性好，产量高。冬季一般亩产1720~1750公斤，春季亩产约1400公斤。

推广情况

适宜广东平原地区冬春季（8~25℃）种植。目前已在广东、广西、福建、浙江、贵州、云南、四川、江苏、湖南等地推广。

惠农选1号鲜梅菜

审定编号： 粤审菜2014029

品种来源： 从惠州市农家品种大三联鲜梅菜变异株中系统选育而成

育 种 者： 惠州市农业科学研究所

联 系 人： 曾海泉

特征特性

（1）形态特征： 株型高大紧凑，株高52.2厘米，株幅73.1厘米，单株重1919克；叶片大、椭圆形，浓绿色，叶长52.1厘米、宽30.6厘米，叶柄长25.7厘米、宽3.4厘米，叶柄重180克；主薹绿色，高18.4厘米，粗6.0厘米，重299克。

（2）生长特性： 常规品种，中熟，生势强，从播种至采收102天。田间表现耐寒性、耐涝性强，耐旱性中等。

（3）品质特征： 品质较优，可溶性固形物含量3.77%，粗蛋白含量1.17%，粗脂肪含量0.20%，粗纤维含量0.59%，总糖含量1.81%，维生素C含量55.20毫克/100克。

（4）生产性能： 冬季在广州、惠州等地种植，一般亩产鲜菜5300~6000公斤。

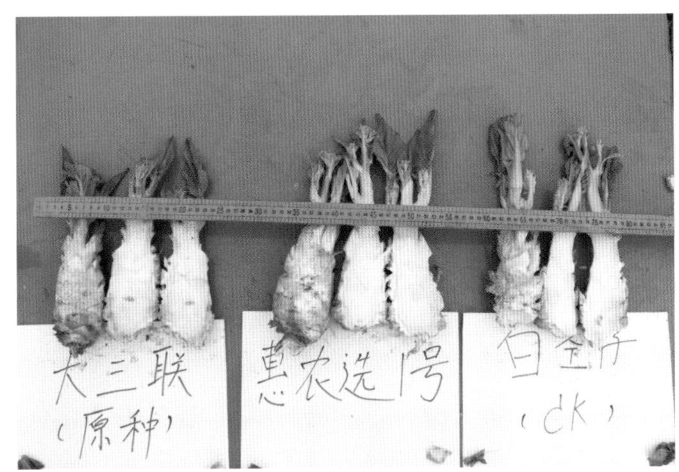

推广情况

适宜广东鲜梅菜产区种植，目前已在惠州市惠城区、惠东、博罗、龙门县等地推广。

短叶13号早萝卜

审定编号： 粤审菜1982010

品种来源： 短叶火车头早萝卜×普宁杨美楼早萝卜

育 种 者： 汕头市白沙蔬菜原种研究所

联 系 人： 王穗涛

特征特性

（1）形态特征： 植株叶簇半直立，叶片倒卵形、汤匙状，叶色浓绿，全缘、无茸毛；肉质根长圆柱形，皮肉皆白色，表面平滑，根眼少，根长约30厘米、横径约6厘米，单根重0.3~0.6公斤。

（2）生长特性： 早熟，播种至采收40~50天，菜用持续采收期10天；适应性广，耐高温多雨，耐抽苔，耐糠心。

（3）品质特征： 品质优良，肉厚、味微辣。

（4）生产性能： 一般亩产夏植2000公斤、秋植3000公斤，是汕头地区大面积栽培的品种，广东各地也有种植。

推广情况

适宜长江以南各省市夏秋季种植。品种审定以来，累计繁育并在省内外推广种子300万公斤，良种推广种植面积600万亩以上。1998年获汕头市科技进步奖一等奖、广东省科技进步奖三等奖，2001年在首届中国种植业大会上被评为金奖，2007年被认定为广东省名牌产品（农业类）。

白沙南畔洲晚萝卜

审定编号：粤审菜1998003

品种来源：1955年起从澄海南畔洲乡引进晚萝卜农家品种中选育而成

育 种 者：汕头市白沙蔬菜原种研究所

联 系 人：王穗涛

特征特性

（1）形态特征：植株叶片疏少，半直立，叶呈大头羽状裂叶、羽叶小、成对，叶色较深绿，茸毛少。肉质根长圆柱形，两端钝圆。表皮薄嫩平滑，根眼细，皮肉白色。根长约35厘米、横径8厘米，单根重0.5~1.5公斤。

（2）生长特性：中晚熟，适应性广，冬性强，播种后70天可上市，延至120天仍可采收。耐寒性强，平均气温15~22℃均可栽培。

（3）品质特征：品质优良，味香甜，质脆嫩，少渣，纤维少。熟食或腌制均可，菜脯成品率16%。

（4）生产性能：一般亩产量4000~5000公斤。

推广情况

适宜长江以南各省市种植，生长适温15~22℃，是华南地区优良的晚萝卜品种，累计推广种植300万亩以上。1998年获汕头市农业技术推广奖二等奖，1999年获汕头市科学技术进步奖三等奖。

白沙玉春萝卜

审定编号： 粤审菜2006001

品种来源： 萝卜不育系968A/自交系C-1

育 种 者： 汕头市白沙蔬菜原种研究所

联 系 人： 王穗涛

特征特性

（1）形态特征： 植株较直立，羽状裂叶，小叶成对，叶色深绿、有茸毛；肉质根长圆柱形，皮肉均为白色，表皮平滑、根眼少，根长30~35厘米、横径7~9厘米，单根重0.8~1.5公斤。

（2）生长特性： 杂交一代中迟熟品种，耐低温、冬性强、耐抽薹，抗病力强，适应性广。播种后65天单根重可达0.8公斤以上，菜用持续期30天不糠心。

（3）品质特征： 商品性状优良，肉质致密爽脆、味甜带微辣，适于鲜食或腌制加工。

（4）生产性能： 一般亩产4000公斤以上。

推广情况

适宜广东中南部地区冬季及早春播种，其他地区晚秋播种。该品种累计推广种植面积5万亩以上。2008年获汕头市农业技术推广奖二等奖、2009年获汕头市科学技术进步奖二等奖。

秋盛芥蓝

审定编号：粤审菜2010008

品种来源：绿宝芥兰/柏塘中迟芥兰

育 种 者：广东省农业科学院蔬菜研究所

联 系 人：陈汉才

特征特性

（1）形态特征：株形半开张，株高33厘米，开展度为33厘米。叶片圆形，叶厚，深绿色，叶面皱缩，长20厘米，宽21厘米，叶柄长5.5厘米。菜薹长15厘米，薹茎粗2.2~2.8厘米，质量120~180克。

（2）生长特性：生长势强，中早熟，全生育期160~170天，播种至初收51~60天。在适播期内表现较好的适应性及抗性，耐涝性强，抗霜霉病、炭疽病、软腐病。

（3）品质特征：品质优，商品性好，含可溶性固形物5.73%、粗蛋白2.46%、还原糖1.26%、维生素C104毫克/100克、粗纤维0.71%。

（4）生产性能：丰产性突出，在广州、惠州等地春季种植平均亩产885公斤，秋季种植平均亩产1712公斤。

推广情况

在广东省推广，为广东省2013—2016年农业主导品种，获广东省自主创新产品称号。

夏翠芥蓝

审定编号：粤审菜2010009

品种来源：绿宝芥兰/潮州早熟芥兰筷

育 种 者：广东省农业科学院蔬菜研究所

联 系 人：陈汉才

特征特性

（1）形态特征：株型直立，株高36厘米，开展度34厘米。叶片椭圆形，肥厚微皱，浅绿色，蜡粉少。茎圆粗壮均匀，节间中长。菜薹长17~20厘米，薹茎粗2.0~2.5厘米，单薹质量110~150克。

（2）生长特性：生长势较强，早熟，播种至初收为45~51天，全生育期160~170天。在适播期内表现较好的适应性、耐热性、耐涝性强，抗霜霉病、炭疽病、软腐病。

（3）品质特征：品质优，纤维少，可食部位鲜嫩，爽甜可口，感观品质优。含可溶性固形物6.73%、还原糖1.42%、维生素C129毫克/100克、粗蛋白2.7%、粗纤维0.64%。

（4）生产性能：丰产性好，在广州、惠州等地春季种植平均亩产700公斤左右，秋季种植平均亩产1445公斤。

推广情况

在广东省推广，为广东省2015、2016年农业主导品种，获广东省自主创新产品称号。

翠钰2号西兰薹

审定编号： 粤审菜20160022

品种来源： 不育系B1-1-1A/自交系K1-1-7

育 种 者： 广州市农业科学研究院，广州乾农农业科技发展有限公司

联 系 人： 李向阳

特征特性

（1）形态特征： 植株高大，株高58厘米，开展度75厘米×80厘米。分枝力强，平均单株总菜薹数43个、一级菜薹数10个。一级菜薹长约18厘米，粗约1.8厘米，薹色绿，单薹重约50克。

（2）生长特性： 杂交一代品种，早中熟，生势强，定植至初收50~55天。抗病性强，抗逆性强，采收期65~90天。

（3）品质特征： 肉质脆甜，水焯后色泽翠绿，萝卜硫素含量高、达4.8毫克/100克，维生素C含量61.8毫克/100克，品质优。

（4）生产性能： 丰产性好，亩产量达1686公斤。

推广情况

适宜广东省秋冬季种植。该品种是一种新型、保健、优质、丰产、适应性强的蔬菜品种，增产增收显著，目前已在广东、广西、福建、北京等地推广。

丰绿苦瓜

审定编号： 粤审菜2006013

品种来源： 3006号/2001号

育 种 者： 广东省农业科学院蔬菜研究所

联 系 人： 张长远

特征特性

（1）形态特征： 叶片绿色。侧蔓结果为主，果实长圆锥形，果形端正，果色浅绿亮泽，条瘤粗。瓜长28~32厘米，横径7~8厘米，单果质量500~600克。

（2）生长特性： 植株生长旺盛，分枝性强。中晚熟，播种至始收，广州地区春植78天，秋植54天。适应性广，中抗白粉病，耐热性、耐涝性强。是广东省首个夏秋苦瓜栽培专用品种。

（3）品质特征： 果肉丰厚，紧实，肉质爽脆，苦味淡，耐贮运。鲜果含维生素C 157毫克/100克，可溶性固形物2.18%，粗蛋白0.62%，粗纤维0.5%。

（4）生产性能： 丰产、稳产性好，亩产量一般为4000~5000公斤。

推广情况

该品种在我省及全国各地和东南亚等地均有栽培。2007—2016年（除2014年外）连续多年被推荐为广东省农业主导品种，并于2017年被评为广东省种植业类最受欢迎十大主导品种之一。2010年获得广东省农业技术推广奖一等奖。目前已累计种植150万亩以上。

碧丰2号苦瓜

审定编号：粤审菜2013016

品种来源：丰绿苦瓜-F-1-4/崖城苦瓜-Z-7-4

育 种 者：广州市农业科学研究院

联 系 人：郑岩松

特征特性

（1）形态特征：瓜色油绿有光泽，瓜长圆锥形，瓜长25~30厘米，横径6.5~7.5厘米，肉厚1.1~1.3厘米，皮绿色，条瘤状；果腔小，肉质紧实致密，单瓜重400~470克。

（2）生长特性：生长势强，中迟熟，从18~25节开始着生第一雌花；播种至初收55~75天，延续采收60~120天，全生育期180天左右，华南地区3~8月适播。田间表现中抗白粉病和枯萎病，耐热性、耐寒性、耐旱性和耐涝性均为强，耐裂果性强。

（3）品质特征：肉质脆，苦味适中，商品率在96%以上。鲜果含可溶性固形物2.8%、粗蛋白0.98%、粗纤维0.65%，维生素C 104毫克/100克。

（4）生产性能：一般亩产5000公斤左右。

推广情况

在广东、广西、海南等地推广应用。

长绿2号苦瓜

审定编号：粤审菜2014011

品种来源：强雌系P091728//自交系Y013/自交系GX302

育 种 者：广东省农业科学院蔬菜研究所

联 系 人：张长远

特征特性

（1）形态特征：叶片绿色。瓜长圆锥形，瓜皮绿色，条瘤，长23.6~24.8厘米，横径5.89~6.02厘米，肉厚1.01~1.02厘米。单瓜重308.5~353.8克。

（2）生长特性：杂交一代品种。植株生长势和分枝性强，从播种至始收春季75天、秋季51天，延续采收期春季33天、秋季36天，全生育期春季108天、秋季87天。第一朵雌花着生节位15~19节，第一个瓜坐瓜节位17~23节。抗病性接种鉴定为抗白粉病、感枯萎病。田间表现耐热性和耐旱性强，耐涝性中等。

（3）品质特征：品质好，感观品质鉴定为优。商品率92.43%~92.95%。粗纤维含量0.81%，可溶性固形物含量2.7%，维生素C含量95.9毫克/100克，粗蛋白含量1.01%。

（4）生产性能：丰产性好，单株产量1.39~2.12公斤。春季种植平均亩产约2110公斤，秋季种植平均亩产约1535公斤。

推广情况

适宜广东苦瓜产区春、秋季种植。该品种在华南地区各省区均有栽培。2017年被推荐为广东省农业主导品种。

澄选珍珠苦瓜

审定编号： 粤审菜2015005

品种来源： 澄优大顶苦瓜/新秀苦瓜

育 种 者： 广东汕海利农种业研究院

联 系 人： 陈木溪

特征特性

（1）形态特征： 瓜圆锥形，瓜皮浅绿至绿色，圆瘤为主。瓜长19.9~22.7厘米，横径6.72~7.04厘米，肉厚1.09~1.19厘米。单瓜重323.5~343.1克。

（2）生长特性： 植株生长势和分枝性强。从播种至始收春季约74天、秋季约53天，延续采收期春季约38天、秋季约34天，全生育期春季约112天、秋季约87天。第一朵雌花着生节位17.1~17.3节，第一个瓜坐瓜节位18.1~18.6节。抗病性接种鉴定为中抗白粉病，感枯萎病。田间表现抗逆性较强。

（3）品质特征： 商品率93.3%~95.3%。粗纤维含量0.84%，可溶性固形物含量2.80%，维生素C含量8.7毫克/100克，粗蛋白含量0.82%。

（4）生产性能： 丰产性好，单株产量1.19~2.04公斤。春季平均亩产量2140公斤，秋季种植平均亩产量1676公斤。

推广情况

适宜广东苦瓜产区春、秋季种植。目前推广的区域有广东（潮汕地区、惠东地区）、广西（柳州）、福建一带。

粤优2号丝瓜

审定编号：粤审菜2012002

品种来源：DR05-2-6/S11-3-8

育 种 者：广东省农业科学院蔬菜研究所

联 系 人：何晓莉

特征特性

（1）形态特征：瓜棍棒形，瓜色绿白，棱色绿，棱沟较浅；瓜长49厘米，横径5厘米，平均单瓜重340克。

（2）生长特性：早熟，第一雌花着生节位春季7.7节，秋季18.9节；植株生长势旺盛，分枝力强，主蔓、侧蔓结果。中抗枯萎病，田间表现耐热性、耐涝性和耐旱性均强。

（3）品质特征：肉质脆、味甜；维生素C含量18毫克/100克，可溶性固形物含量3.9%；粗蛋白含量0.38%，粗纤维含量0.3%。

（4）生产性能：一般亩产量3500公斤左右。

推广情况

在广东省丝瓜主产区大面积推广，每年推广面积约1万亩。

雅绿8号丝瓜

审定编号：粤审菜2016008

品种来源：（雅岗/三叶早丝瓜//F224）/雅一F301

育 种 者：广东省农业科学院蔬菜研究所，广东科农蔬菜种业有限公司

联 系 人：罗剑宁

特征特性

（1）形态特征：叶片绿色。瓜呈长棍棒形，瓜色深绿。瓜长47.9~51.8厘米，横径4.80~5.02厘米。瓜外皮无花斑，棱沟深，棱色墨绿。单瓜重379.4~458.0克。

（2）生长特性：杂交一代品种。生势强，分枝性中等。从播种至始收春季59天、秋季40天，延续采收期春季46天、秋季34天，全生育期春季105天、秋季74天。第一朵雌花着生节位春季6.7节、秋季12.3节，第一个瓜坐瓜节位春季9.1节、秋季14.1节。田间表现耐热性、耐寒性、耐涝性和耐旱性等均强。

（3）品质特征：肉质脆，商品率90.4%~91.3%。感观品质鉴定结果为优。

（4）生产性能：丰产性好，单株产量1.24~1.58公斤。

推广情况

在从化、增城、博罗等丝瓜主产区大面积推广，每年推广面积约1.7万亩。

农家宝908黄瓜

审定编号：粤审菜2011001

品种来源：大青-9505/银北-9808

育 种 者：揭阳市保丰种子有限公司，揭阳市农业科学研究所

联 系 人：吴志伟

特征特性

（1）形态特征：瓜长32厘米左右，横径7~8厘米，瓜肉厚，单瓜重700~800克，瓜皮花绿色，带金条纹，无刺。

（2）生长特性：全生育期75天。广东地区春夏秋（1~9月）下种，每亩定植2000株，约45天开始收获。植株长势旺盛，春季主蔓第5节始着雌花，夏季以主蔓和侧蔓结瓜。对日照不敏感。抗病性鉴定结果为高抗枯萎病，高感炭疽病和疫病。田间表现耐热性、耐寒性与耐涝性强，耐旱性中等。

（3）品质特征：肉脆，含水量中等，感观品质鉴定为良，商品率87.17%~87.86%。粗蛋白含量0.66%，维生素C含量13.6毫克/100克，可溶性固形物含量3.2%。

（4）生产性能：丰产性好，春植一般亩产3530公斤，秋植亩产3030公斤。

推广情况

适宜广东平原地区春夏秋（18~35℃）种植。目前已在广东、广西、福建、海南、江西、贵州、云南、四川、重庆、浙江、江苏、上海、安徽等省区市推广。

早青4号黄瓜

审定编号： 粤审菜2011002

品种来源： 75雌B36/万吉-6

育 种 者： 广东省农业科学院蔬菜研究所

联 系 人： 林毓娥

特征特性

（1）形态特征： 属华南型黄瓜，圆筒形，瓜条顺直、匀称，瓜长25厘米左右，横径4.5厘米，肉厚1.4厘米，单瓜重约350克，皮色深绿有光泽，刺白色、稀小，瓜肉色浅绿白。

（2）生长特性： 雌型杂交一代杂种。早熟，从播种至初收春季约50天，夏秋季35天，较耐低温，10℃时能正常生长。第一结瓜节位4~5节，植株生长势强，主蔓结瓜为主，雌株率达70%以上，结瓜早，连续结果性强。抗病性较强，耐疫病、抗霜霉病、白粉病和枯萎病。田间表现耐热性、耐寒性强，耐涝性、耐旱性中等。

（3）品质特征： 口感脆，味清香，含水量中等，商品性好，耐贮运。感观品质鉴定为良，商品率84.46%~87.15%。粗蛋白含量0.69%，维生素C含量134毫克/100克，可溶性固形物含量3.1%。

（4）生产性能： 春植一般亩产3100公斤，秋植亩产2650公斤。

推广情况

该品种适合市销及港澳市场，适宜在广东、福建、海南等华南地区推广种植。2017年广东省农业主导品种。

丹红3号南瓜

审定编号：粤审菜2013009

品种来源：粉红1号/红皮6号

育 种 者：广东省农业科学院蔬菜研究所

联 系 人：黄河勋

特征特性

（1）形态特征：瓜形扁圆，红皮色，有浅黄条斑，外形美观，商品瓜率高，单瓜重1.0~1.5公斤。

（2）生长特性：杂交一代印度南瓜品种。植株蔓生，生长势强，分枝性中等，首雌花节位约9节，雌花期集中，主、侧蔓可坐瓜，坐瓜能力强。广东可在春秋两季种植，春季1~3月中旬播种，授粉后35~40天可采收，播种至初收约90天，秋季8月下旬至9月上旬播种，播种至初收约70天，设施栽培可以冬种。抗逆性较强。

（3）品质特征：肉色橙黄、口感粉、味甜，品质优良，含维生素C 23.7毫克/100克、淀粉6.16%、可溶性固形物11.68%、总糖8.33%。耐储运。

（4）生产性能：一般亩产1000~1500公斤。

推广情况

该品种适应性广，目前已在广东、海南、广西、湖南、四川、山东等地推广种植。

香蜜小南瓜

审定编号：粤审菜2014014

品种来源：粤蜜08-127/青蜜08-91

育 种 者：广东省农业科学院蔬菜研究所、广东科农蔬菜种业有限公司

联 系 人：黄河勋

特征特性

（1）形态特征：瓜扁圆形，成熟时瓜皮棕黄，外形美观，商品瓜率高。单瓜重1.0~1.5公斤。

（2）生长特性：杂交一代中国南瓜小果型品种。植株蔓生，生长势和分枝性强，首雌花节位约15节，雌花多，坐瓜性好，主、侧蔓均可结瓜。授粉后40~45天采收。广东春季2~3月中旬播种，播种至初收约95天；秋季7~8月中旬播种，播种至初收约85天。抗逆性强。

（3）品质特征：肉色橙黄、肉质致密，味甜，品质好，可溶性固形物含量8.77%，维生素C含量23.6毫克/100克，淀粉含量7.23%，总糖含量5.44%。耐储运。

（4）生产性能：一般亩产1500~2000公斤。

推广情况

华南、长江流域、西南一带均可种植，目前已在广东、海南、广西、安徽、湖南、四川等地推广。在第2届中国国际种业博览会暨广东农业良种示范展示会上被评为重点推介品种。

粤农节瓜

审定编号： 粤审菜1999004

品种来源： A4/107

育 种 者： 广东省农业科学院蔬菜研究所

联 系 人： 彭庆务

特征特性

（1）形态特征： 瓜短圆筒形，瓜长15厘米，横径6厘米，肉厚1.5厘米，单瓜重250~300克。瓜形美观。皮色深绿有光泽，被茸毛，无棱沟。

（2）生长特性： 早熟，植株生长势强，以主蔓结瓜为主，节间较短，分枝力中等。主蔓自第5~7节着生第一雌花。播种至初收春播65~80天，秋播40~45天。适应性广，抗病、抗逆性强，较抗枯萎病、炭疽病及疫病。耐贮运。

（3）品质特征： 品质好，肉质嫩滑，味微甜，商品率高。

（4）生产性能： 亩产达3500~4000公斤。

推广情况

在华南地区推广面积达100万亩以上。2001年获广东省科技进步二等奖，2002年获广州市科技进步三等奖。

冠华4号节瓜

审定编号：粤审菜2005007

品种来源：01-2-4-2-3/E3-8-2-6-1-2-1

育 种 者：广州市农业科学研究院

联 系 人：林锦英

特征特性

（1）形态特征：叶色深绿。瓜形美观，圆筒形，长15~18米，横径7~8厘米，肉厚1.3~1.5厘米，单果重约500~550克，瓜皮深绿色，有光泽，有星点，无棱沟，密被茸毛。

（2）生长特性：早熟，播种至初收春植约76天、夏植45天、秋植49天，开花后6~10天采收，延续采收30~50天。雌花率高，第一雌花节位春播第6~9节、秋播第10~13节。植株生势旺，分枝力强，连续结果性好。田间表现霜霉病、白粉病、炭疽病、疫病、枯萎病感病轻；耐热性、耐寒性和耐涝性均较强。抗病性鉴定结果为高抗枯萎病，高感疫病。

（3）品质特征：品质优，风味甜，肉质脆嫩，风味和口感较好。可溶性固形物含量3.71%、粗蛋白含量0.74%、维生素C含量254毫克/100克、淀粉含量0.70%、有机酸含量0.062%、还原糖含量2.74%。商品瓜率高。

（4）生产性能：丰产性好，春植亩产2500~3500公斤，夏秋植亩产1500~2500公斤。

推广情况

适宜华南地区春、秋季栽培，特别是广东、广西等地春、秋季栽培。自2004年育成以来在广东、广西、海南、江西等地推广应用，推广面积达10000公顷以上，其中近3年推广面积达5500公顷以上。该品种为2006—2016年广东省农业主导品种，2007—2009年、2011—2017年广州市农业主导品种。“节瓜种质创新研究和抗枯萎病耐热新品种选育与应用”获2014年度广州市科技进步二等奖，“抗枯萎病耐热节瓜系列新品种推广应用”获2014年度广东省农业技术推广奖二等奖（该品种为其中一个品种）。

夏冠一号节瓜

审定编号：粤审菜2005008

品种来源：7213/1632

育 种 者：广东省农业科学院蔬菜研究所

联 系 人：彭庆务

特征特性

（1）形态特征：瓜圆筒形，皮色青绿色，有光泽，无棱沟，瓜长16~17.3厘米，横径5.5~7.2厘米，肉厚1.5~2.2厘米，单瓜重450~560克。

（2）生长特性：中早熟，生长势旺，分枝力强，丰产性好，主侧蔓均可结瓜。春季从播种至始收78天，第一雌花着生节位10.5~11.3节。秋季从播种至始收51天，第一个瓜着生节位12.3节。田间霜霉病、白粉病、炭疽病、枯萎病感病轻，高抗枯萎病、高感疫病。耐热性、耐寒性和耐涝性强。夏季高温下栽培坐果率强，适应性广，春、夏、秋均适合栽培。

（3）品质特征：商品瓜率92%以上，外形美观。味微甜，肉质致嫩，风味甜，适口性好，品质优。

（4）生产性能：超高产，单瓜重300~350克，春季平均亩产3324.7公斤，秋季平均亩产2817.89公斤。

推广情况

目前已在广东、广西、海南推广应用，推广面积50万亩以上，是广东省夏秋节瓜首选品种，连续多年被评为广东省农业主导品种。

玲珑节瓜

审定编号： 粤审菜2012005

品种来源： 强雌自交系4号/江心节6号

育 种 者： 广东省农业科学院蔬菜研究所

联 系 人： 彭庆务

特征特性

（1）形态特征： 叶片绿至深绿色。瓜呈短圆筒形，皮深绿色，无棱沟，花点小而多。瓜长16.6~18.2厘米，横径7.05~7.91厘米，肉厚1.54~1.56厘米。叶片绿至深绿色。瓜圆筒形，皮色深绿，有光泽，被茸毛，无棱沟。瓜长16~18厘米，横径7.0~7.9厘米，肉厚约1.5厘米。

（2）生长特性： 早中熟，从播种至始收春季84天、秋季49天，延续采收期春季43天、秋季35天，全生育期春季127天、秋季84天。植株生长势和分枝力强，第一朵雌花着生节位6.8~11.8节，第一个瓜坐瓜节位9.5~13.0节。抗病性鉴定为高感疫病，感枯萎病。田间表现耐热性、耐寒性、耐涝性和耐旱性强。

（3）品质特征： 商品率91.27%~96.91%。品质好，肉质嫩滑致密，味微甜，耐贮运。粗蛋白含量0.45%，维生素C含量120.6毫克/100克，可溶性固形物5.0%。感观品质鉴定为优，品质分86.0分。

（4）生产性能： 单瓜重535.7~787.8克，单株产量1.43~1.84公斤，一般亩产达3000~4000公斤。

推广情况

适宜华南地区春、秋季种植，已在华南地区大面积推广，获得良好的社会经济效益。2015—2017年广东省农业主导品种。

粤宝节瓜

审定编号：粤审菜2016015

品种来源：强雌系粤4 / 七宝

育 种 者：广东省农业科学院蔬菜研究所，广东科农蔬菜种业有限公司

联 系 人：彭庆务

特征特性

（1）形态特征：叶片绿色。瓜呈长圆筒形，皮深绿色，有光泽，被茸毛，无棱沟，花点小而多。瓜长16~18厘米，横径7.0厘米左右，肉厚约1.5厘米。

（2）生长特性：早熟，植株生长势和分枝性强，从播种至始收春季70~80天、秋季40~45天，延续采收期春季45天、秋季35天，全生育期春季125天、秋季84天。第一朵雌花着生节位7.4 ~ 10.1节，第一个瓜坐瓜节位8.1 ~ 11.3节。人工接种鉴定感疫病和枯萎病，田间表现抗逆性较强。

（3）品质特征：肉质嫩滑致密，味微甜，耐贮运。商品率86.2% ~ 95.9%。粗蛋白含量0.44%，维生素C含量49.2毫克/100克，可溶性固形物含量3.0%。感观品质鉴定为良，品质分78.2分。

（4）生产性能：单瓜重696.4 ~ 753.5克，单株产量2.05 ~ 2.39公斤。一般亩产3500~4000公斤。

推广情况

在华南地区推广5万亩以上。

黑优2号冬瓜

审定编号：粤审菜2010002

品种来源：三水B94/台山B184

育 种 者：广东省农业科学院蔬菜研究所

联 系 人：谢大森

特征特性

（1）形态特征：瓜形美观、长圆柱形，整齐匀称。皮色墨绿、转色快，瓜长62.0~75.0厘米，横径21.0~24.0厘米，肉厚约6.2厘米。

（2）生长特性：中晚熟品种，播种至收获春季需120天，秋季需95天。抗枯萎病、中抗疫病和病毒病。生长势强、坐瓜能力强、生长速度快。

（3）品质特征：肉质致密、商品率高，品质优良，含维生素C 14.7毫克/100克、粗纤维0.8%、总糖1.91%、总酸86毫克/100克。

（4）生产性能：产量高、适应性广，平均单瓜重约14公斤，一般亩产5500公斤。

推广情况

适宜广东冬瓜产区种植，目前已在广东、广西等地大面积推广。

铁柱冬瓜

审定编号：粤审菜2013011

品种来源：台山B98/英德B96

育 种 者：广东省农业科学院蔬菜研究所

联 系 人：谢大森

特征特性

（1）形态特征：瓜长圆柱形，整齐匀称，浅棱沟、尾部钝尖、果皮墨绿色、表皮光滑，瓜长80~100厘米，横径17~20厘米，肉厚6.6~6.8厘米。

（2）生长特性：中晚熟品种，生长势强，分枝性中。播种至收获春季需125天，秋季需95天。苗期30~35天，抽蔓期定植后20天，开花期定植后45天，结果期定植后60天。抗枯萎病、中抗疫病。

（3）品质特征：品质优良，囊腔小、肉质致密，含维生素C 13.2毫克/100克、粗纤维0.55%、总糖1.42%、总酸89毫克/100克。

（4）生产性能：丰产性好，单瓜重约16公斤，一般亩产6500公斤。

推广情况

适宜广东冬瓜产区种植，目前已在广东、广西、湖南、湖北、江苏等地大面积推广，推广面积100万亩以上。荣获中国蔬菜种业风云榜2014年度最受瞩目冬瓜品种称号、2015年广东省科学技术二等奖和2017年中华农业科技奖二等奖。

莞研1号小冬瓜

审定编号： 粤审菜2014013

品种来源： 莞黑09-214/华枕09-312

育 种 者： 东莞市香蕉蔬菜研究所

联 系 人： 庄华才

特征特性

（1）形态特征： 瓜大小均匀、外形美观。瓜短圆柱形，皮色深绿，无蜡粉，肉白色；瓜纵径15.7~15.9厘米，横径9.9~10.2厘米，肉厚2.53~2.90厘米。

（2）生长特性： 性状稳定、早熟、雌性强。在华南地区春季可以在2月上旬至3月下旬播种，4月底至5月初开始采收至7月底采收结束，秋季可以在7月下旬至8月上旬播种，9月底开始采收至11月底结束。较早熟，首雌花节位12.0~16.0节，第15.0~18.0节坐第一个果。春季播种至初收76~88天，秋季播种至初收62~69天，雌雄花同期开放，连续结果能力强，延续采收期60天左右，全生育期春季约140天、秋季约110天。田间表现抗病抗逆性较强。

（3）品质特征： 商品率93.0%以上，肉质致密、品质优。维生素C含量28.90毫克/100克，可溶性固形物含量2.72%，可滴定酸含量0.06%，总糖含量2.06%。

（4）生产性能： 丰产性好。单瓜重835.5~898.6克，春植一般亩产2570公斤,秋植亩产3030公斤。

推广情况

适宜华南地区春、秋季种植。目前在广东、海南、宁夏、广西和西藏林芝等地区推广面积较大。该品种是广东省第一个通过品种审定的同类型新品种，填补了广东省小果型冬瓜品种的空白。

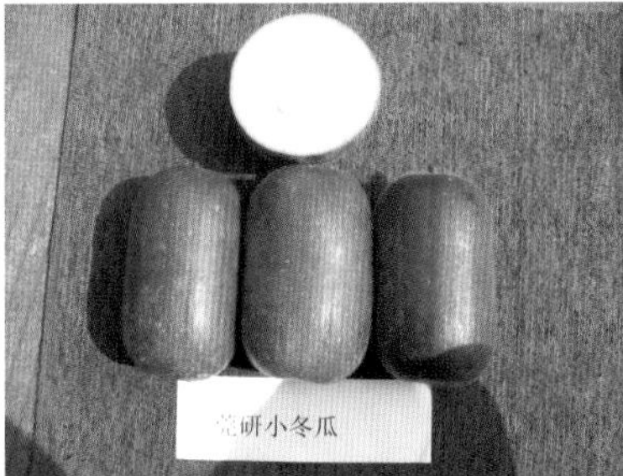

新星101番茄

审定编号： 粤审菜200104

品种来源： 114F64-2/A45

育 种 者： 广东省农业科学院蔬菜研究所

联 系 人： 黎振兴

特征特性

（1）形态特征： 株高中等，果实长圆形，果形指数1.03。单果重120克，肉厚0.75厘米，青果微绿肩，熟果鲜红有光泽。

（2）生长特性： 中早熟，无限生长类型，长势旺，耐热。中抗青枯病，抗病毒能力强，耐寒和耐热性强。

（3）品质特征： 风味酸甜适中，肉质坚实，硬度好，裂果和畸形果少，耐贮运，综合品质好。

（4）生产性能： 华南地区秋植一般亩产3000公斤左右。

推广情况

全国各地均可种植，华南地区可春、秋植，海拔300米以上地区可进行夏季反季节栽培。1997年开始在华南地区大面积推广，目前作为抗青枯病番茄砧木品种（勇士一号）在华南地区大面积推广。

益丰2号番茄

审定编号： 粤审菜2011012

品种来源： g-8/g-4

育 种 者： 广州市农业科学研究院

联 系 人： 丘漫宇

特征特性

（1）形态特征： 幼果无绿肩，果面有光泽，果实圆形，熟果鲜红、硬实、耐裂，单果重110克左右。

（2）生长特性： 无限生长类型，生势强，主茎第9~10节着生第一花序，坐果均匀。苗期春造约35天、秋造25天左右；从播种到初花春造约49天、秋造38天左右；从播种到始收春造114天、秋造105天；全生育期春造150天、秋造165天左右。高抗青枯病，适应性强。

（3）品质特征： 商品率88.70%~94.27%，感观品质鉴定结果为优，有机酸含量0.50%，还原糖含量2.93%，维生素C含量28.17毫克/100克，水分93.9%。耐贮运。

（4）生产性能： 一般亩产量3000~4000公斤。

推广情况

适宜华南地区春、秋露地种植。该品种目前在广州增城、南沙、从化、花都和广西推广种植。

白玉白茄

审定编号：粤审菜2007005

品种来源：龙茄-YC-212/5811

育 种 者：广东省农业科学院蔬菜研究所

联 系 人：李植良

特征特性

（1）形态特征：生长势强，株高约96厘米，主茎绿带微紫色，叶绿色；萼片绿色，花瓣浅紫色；果实长棒形，底部略尖，单果重约210克，果长约26.8厘米，果横径约4.3厘米。

（2）生长特性：杂交一代品种，播种至商品果始收春植105天、秋植86天，全生育期春植151天、秋植154天。中抗青枯病，田间表现耐热性和耐寒性强，耐涝性较强。

（3）品质特征：商用名为白龙白茄。肉质嫩滑，品质优。商品率94.34%~94.49%。感观品质鉴定为优。可溶性固形物含量4.50%~4.60%，粗蛋白含量1.01%~1.41%，维生素C含量11~18.4毫克/100克，还原糖含量2.58%~2.8%。

（4）生产性能：春植亩产1640公斤，秋植亩产2500公斤。

推广情况

适宜华南地区露地栽培。2005年至今一直在广东省等地推广种植，是广东省近10多年来白茄的主栽品种。

农夫长茄

审定编号：粤审菜2009001

品种来源：蕉岭粗长系/台浙线茄系

育 种 者：广东省农业科学院蔬菜研究所

联 系 人：黎振兴

特征特性

（1）形态特征：株高100~120厘米，果实长棒形，头尾均匀，单果重约250克，长28厘米以上，粗5.08~5.21厘米。果皮深紫红色，果面平滑，着色均匀有光泽，果肉白色。

（2）生长特性：杂交一代品种。从播种至始收春植101天，秋植86天；延续采收期春植50天、秋植70天，全生育期春植151天、秋植156天。门茄座果率85.29%~86.76%。苗期接种鉴定，表现中抗青枯病。耐热性、耐寒性、耐涝性强。

（3）品质特征：肉质紧密度中等，果实商品率90.89 %以上。品质优，鲜果粗蛋白含量0.76%，还原糖含量2.54%，维生素C含量5.8毫克/100克，可溶性固形物含量4.2%。

（4）生产性能：丰产性好，春植亩产2020公斤，秋植亩产2900公斤。

推广情况

2006年至今，该品种在华南地区大面积推广种植，为2010、2011年广东省农业主导品种，2012年获得广东省科学技术二等奖和广东省农业技术推广奖一等奖。

紫荣8号茄子

审定编号：粤审菜2014006

品种来源：岭南10号-NSN/屏东长茄/硇洲紫红长茄5-5

育 种 者：广州市农业科学研究院

联 系 人：林鉴荣

特征特性

（1）形态特征：果实长棒形，头尾匀称。果色深紫红，果面平滑，有光泽。商品果长29.6~30.3厘米，果粗约5.0厘米，单果重284.9~286.1克，果肉白色。

（2）生长特性：中熟，植株生长势强，连续坐果能力强。播种至初收春植107天左右，秋植84天左右，延续采收期春季45天、秋季59天，全生育期春季152天、秋季143天。门茄座果率84.79%~88.75%，坐果均匀，采收期长。中抗青枯病，耐热，耐寒性较好。

（3）品质特征：肉质紧实，口感好。商品率92.54%~95.31%。感观品质鉴定为优。还原糖含量2.34%，可溶性固形物含量4.4%，维生素C含量10.2毫克/100克，蛋白质含量0.98%。耐老，耐贮运。

（4）生产性能：产量中等，亩产约4500公斤。

推广情况

适宜华南地区种植。近3年在广东、广西、海南、江西等地约推广3.5万多亩。2015—2017年入选广东省、广州市农业主导品种。

翡翠绿茄子

审定编号：粤审菜2015003

品种来源：广州青茄9413-2-3/泰国青茄9832-1

育 种 者：广州市农业科学研究院

联 系 人：林鉴荣

特征特性

（1）形态特征：果实长棒形，头尾匀称，果色青绿，光泽极佳，果面平滑，果长29.5~32.3厘米，果粗4.2~4.4厘米，单果重230~250克，果肉淡绿色，采收全期果形一致性好。

（2）生长特性：早中熟，耐阴性较好。播种至初收，春植99天，秋植84天。坐果均匀。采收期长，可以采收到晚秋。抗青枯病能力一般，田间表现耐阴性、耐热性、耐旱性和耐寒性较强。

（3）品质特征：肉质紧实，口感好，风味佳，商品性状优。商品率91.3%~94.9%。感观品质鉴定为优。还原糖含量3.64%，可溶性固形物含量4.80%，维生素C含量19.00毫克/100克，蛋白质含量1.03%。

（4）生产性能：一般亩产约4500公斤。

推广情况

适宜华南地区种植。2011年起在广州、惠州、清远、东莞和广西、海南等地进行较大面积示范种植，至今已示范推广15000多亩。该品种以其独特色泽外观、优良的口感风味深受生产者和消费者喜爱，填补市场多色茄子品种空白。

粤红1号辣椒

审定编号：粤审菜2009004

品种来源：自交系1780/新选W405

育 种 者：广东省农业科学院蔬菜研究所

联 系 人：李颖

特征特性

（1）形态特征：植株长势强，株高90厘米，开展度65厘米。青熟果绿色，羊角形，无棱沟，果长17.7厘米，宽2.0厘米，果肉厚0.3厘米，单果重30克，红熟果大红色，鲜艳有光泽，果面光滑，果条直。

（2）生长特性：中迟熟，播种至始收80天左右，第一朵花着生节位10节。田间表现耐热性、耐寒性、耐涝性和耐旱性强。

（3）品质特征：鲜果硬度好，耐贮运，辣味浓，品质佳，鲜果含还原糖2.06%、粗蛋白0.76%，维生素C129毫克/100克。

（4）生产性能：春植亩产1030公斤，秋植亩产1670公斤。

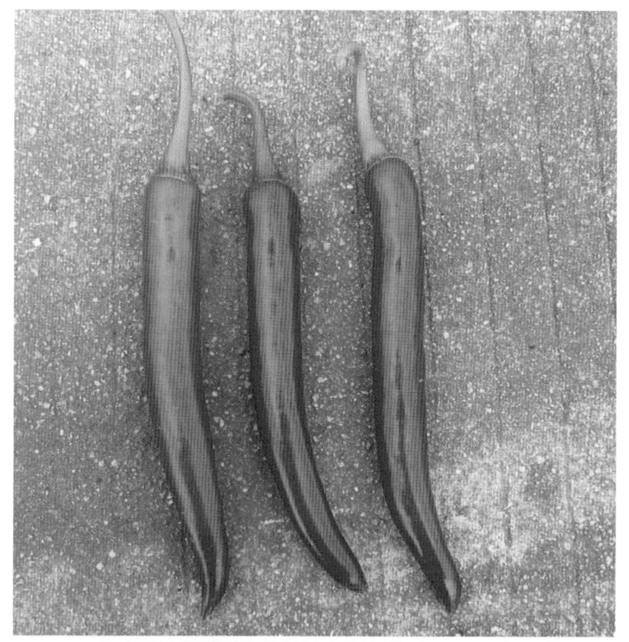

推广情况

适宜我国南方地区种植，目前已在阳春、阳山、遂溪和广西推广。

汇丰二号辣椒

审定编号：粤审菜2009010

品种来源：W2280/W2102

育 种 者：广东省农业科学院蔬菜研究所

联 系 人：王恒明

特征特性

（1）形态特征：株高54.9~61.5厘米。青果绿色，熟果大红色。果实羊角形，果面光滑，有光泽，无棱沟，果实着生方向向下，果顶部细尖。果长18.0~18.2厘米，果宽2.53~2.64厘米，肉厚0.31~0.32厘米。大果型，单果重36.4~39.4克，单株产量0.29~0.55公斤。

（2）生长特性：植株生长势强，播种至始收秋季76天，春季104天；延续采收期40~84天，全生育期144~160天。第一朵花着生节位10.7~11.7节。抗病性鉴定为感青枯病，中抗疫病。田间表现耐热性、耐寒性、耐涝性和耐旱性均强。

（3）品质特征：商品率96.55%~98.37%。感观品质鉴定为优，鲜果含维生素C 114毫克/100克、还原糖2.95%、粗蛋白0.78%。

（4）生产性能：春植一般亩产900公斤，秋植亩产2260公斤。

推广情况

目前已在广东省粤北地区、珠江三角洲地区、粤西地区及华南地区其他绿皮尖椒种植地区大面积推广，为2010年广东省农业主导品种。

茂椒4号辣椒

审定编号：粤审菜2010006

品种来源：S9607/T9705

育 种 者：茂名市茂蔬种业科技有限公司，广东海洋大学

联 系 人：吕庆芳

特征特性

（1）形态特征：株型紧凑，株高约55厘米，开展度62厘米左右。果实长羊角形，纵径20~23厘米，横径3.2~3.8厘米，肉厚0. 28厘米，单果质量50~70克。青果黄绿色，熟果鲜红色，果面光滑，光泽好。

（2）生长特性：植株生长势中等，中早熟，播种至始收期春植99天、秋植76天，延续采收期40天，全生育期春植139天、秋植110天，始花节位9~11节，果实着生方向向下。田间表现耐热性、耐寒性、耐涝性和耐旱性强，较抗病毒病。

（3）品质特征：果实商品率99.7%，味较辣，品质优良，水分含量少，耐贮运，商品性好。还原糖含量2.1%，维生素C含量 0.2毫克/100克，粗蛋白含量0.7%。

（4）生产性能：坐果力强，一般亩产量4000公斤。

推广情况

适宜广东、广西、海南作北运椒露地栽培，也可用于山东等地作保护地栽培，是第三代南菜北运辣椒主栽品种，在海南、广东、广西等北运辣椒区大面积推广应用，在粤西地区占辣椒市场份额60%以上。2001—2012 年，茂椒4 号累计种植面积263 万亩。2014年获茂名市科学技术一等奖。

辣优16号辣椒

审定编号：粤审菜2013014

品种来源：辣优4号-862A/贵阳073辣椒

育 种 者：广州市农业科学研究院

联 系 人：黄贞

特征特性

（1）形态特征：株高50.3~ 65.4厘米。果实长羊角形，长16.7~18.5厘米，横径2.79~3.17厘米，肉厚0.33~0.35厘米，单果质量44.6~45.5克。青果绿色，熟果鲜红色，果面光滑，微棱沟，果顶部钝平。

（2）生长特性：植株生长势强，中熟，播种至始收春植97天，秋植74天；延续采收春植47天，秋植74天；全生育期春植144天，秋植148天。始花节位7.9~9.8节，果实着生方向向下。感青枯病，田间表现耐热性、耐寒性、耐涝性和耐旱性强。

（3）品质特征：果实商品率96.78%~97.52%，感观品质优，商品性好。味甜辣而香，口感好，肉质厚，外表皮腊质层薄，不同时期有不同的风味，嫩果辣味少，肉质幼嫩软滑，辣椒香味浓，青老熟果味辣而香，肉质爽甜，品质优良。

（4）生产性能：坐果力强，一般亩产量2400公斤。

推广情况

适宜广东、广西、海南早春露地或地膜覆盖栽培及秋冬季露地栽培。目前已在广东、广西、海南推广种植。2017年广州市农业主导品种。

茂海长线辣椒

审定编号：粤审菜2014003

品种来源：茂引H-0711/茂蔬选T-0432

育 种 者：广东海洋大学，茂名市茂蔬种业科技有限公司

联 系 人：吕庆芳

特征特性

（1）形态特征：植株高55厘米，开展度63厘米左右，分枝好、叶片小，叶色浓绿，果实呈细长羊角形，商品椒皮色青绿，熟果皮色鲜红，椒条红熟后不易变软，果长23~28厘米，果肩宽1.8~2.0厘米，平均单果重约28克左右，椒条顺直，皮光肉厚。

（2）生长特性：植株生长势强，中熟，播种至始收春植100天、秋植75天，延续采收期60天，全生育期春植160天、秋植135天，始花节位9~11节，连续结果性强。耐青枯病，抗疫病，中抗病毒病，抗逆性强，耐寒、耐旱、耐湿性突出。

（3）品质特征：香辣、口感好。还原糖含量2.37%，维生素C含量116毫克/100克，蛋白质含量1.08%。

（4）生产性能：丰产稳产，一般亩产量4000公斤。

推广情况

可露地或保护地栽培，尤其适宜广东、广西、海南等南菜北运椒区栽培。作为优良的南菜北运辣椒品种，目前正在南菜北运椒区大面积推广应用，产量比推出时当地主栽品种增产20%左右。2016年广东省农业主导品种。

丰产二号豆角

审定编号：粤审菜2000114

品种来源：品种资源粤95-18豆角经系统选育而成

育 种 者：广东省农业科学院蔬菜研究所

联 系 人：陈汉才

特征特性

（1）形态特征：植株蔓生，侧蔓萌发力强，主蔓第6~7节开始着生花序，双荚多，荚色油青，长圆条形，荚长58~66厘米，横径0.8厘米，种子黑色。

（2）生长特性：中早熟，播种至初收春植57天、夏秋植48天，翻花力强，延续采收期20~30天。春、夏、秋均可种植，耐热、耐湿，较抗枯萎病、根腐病，抗逆性强。

（3）品质特征：肉质爽脆，纤维少，品质优。较耐贮藏。

（4）生产性能：一般亩产量1920公斤。

推广情况

2010年广东省和广州市主导品种。累计推广面积180万亩以上，仅广东省就达150万亩。

丰产六号豆角

审定编号：粤审菜2011005

品种来源：增城花仁白豆角变异株

育 种 者：广东省农业科学院蔬菜研究所

联 系 人：陈汉才

特征特性

（1）形态特征：主茎绿色，叶片较小，叶色绿。始花节位5节。花白色，双荚率高，持续结荚能力强。鲜荚绿白色，长约60厘米，宽约1.0厘米，单荚质量约28克。荚条直，肉厚，营养丰富。种子肾形，红褐麻点间白色。荚果呈长圆条形，绿白色，荚面微凸，纤维少。荚长57.9~58.5厘米，荚横径0.94~0.95厘米，荚肉厚0.42~0.47厘米，单荚重28.5~28.7克，单株产量0.29~0.48公斤。

（2）生长特性：早中熟，蔓生型，生长势强，分枝少。从播种至始收春季64天、秋季43天；延续采收期春季40天、秋季36天；全生育期春季104天、秋季79天。第一穗花序着生节位4.5~5.3节。田间表现耐热性、耐涝性和耐旱性强，耐寒性中等。

（3）品质特征：优质，商品率96.46%~97.30%。鲜荚粗蛋白含量1.8%，维生素C含量39毫克/100克，还原糖含量1.42%，粗纤维含量1.1%。

（4）生产性能：春植一般亩产1860公斤，秋植亩产1340公斤。

推广情况

该品种已在广东省推广，广东省2012、2013、2015、2017年农业主导品种。

果树

广东省拥有优越的地理环境与气候条件，品种资源丰富、栽培历史悠久，具有发展热带亚热带水果的优势，水果产业已经成为广东农业增效、农民增收的重要来源，产量和产值居全国各省（区）前列，其中菠萝产量占全国60%以上，荔枝产量占全国50%以上，龙眼产量占全国近40%，香蕉产量占全国30%以上。

目前，广东省商业栽培的水果种类已达四五十种，除香蕉、柑橘、荔枝、龙眼和菠萝等传统水果外，还包括黄皮、李、梨、桃、枇杷、橄榄等特色水果品种，且种植面积在不断扩大。

（1）香蕉主产区为粤西地区，其种植面积占全省香蕉种植面积的60.5%，产量的73.1%；珠三角地区香蕉面积和产量次于粤西地区，种植面积占全省香蕉种植面积的26.7%，产量的19.8%，该地区蕉果上市季节主要为秋冬季。从品种来看，主要有巴西蕉、广粉1号粉蕉等优良品种。

（2）广东省的荔枝产区分为西南部早熟荔枝产区、中部中熟荔枝产区和东部迟熟荔枝产区。从分布地区看，茂名市以黑叶和白蜡为主，湛江市以妃子笑和桂味为主，阳江市主要为双肩玉荷包；珠三角地区以淮枝、桂味和糯米糍为主；潮汕地区以黑叶和淮枝为主。

（3）广东省龙眼以鲜食品种为主，品种有石硖、储良、古山二号、草铺种等，鲜果品质居于全国首位。茂名是龙眼主产区，主要分布在高州西部、化州东部南部、茂南西南部、电白等地。

（4）广东省柑橘栽培范围较大。蕉柑、椪柑、沙田柚、暗柳橙、新会橙、雪柑为传统主栽品种，沙糖桔（十月桔）、年桔、马水桔（阳春甜桔）、春甜桔、温州蜜柑、改良橙（红江橙）、脐橙已形成集中产地，种植规模有些已超过传统主栽品种。近年来，柑橘也被加工成罐头、果汁、果酱、蜜饯、果干、果粉等产品，外皮还被制成多种食品和药品。

（5）广东省优稀水果主要包括菠萝、枇杷、芒果、山竹、番木瓜、黄皮、橄榄、火龙果等常绿果树，以及李、梨、板栗、猕猴桃、桃等落叶水果，种类丰富，产业区域特色明显。

据统计，全省88.7%的柚子产自梅州，30%以上的梨产自清远，43.7%的柿子产自河源和梅州，56.5%的番石榴来源于汕头、广州、湛江和茂名，57%的杨桃出自湛江、茂名和广州，63.1%的芒果产自茂名和湛江。河源和平县是全省最大的猕猴桃生产基地，约90%的猕猴桃产自该区域。随着热带优稀水果需求量的不断提高，全省番木瓜、树菠萝的商业种植面积逐年递增，其中树菠萝主要集中在茂名、湛江等粤西地区，番木瓜在广州有大量栽培。全省李栽培以韶关、茂名、梅州、汕头、潮州、揭阳和广州市属各市县栽培最为普遍，其中韶关市、茂名市信宜县是全省李的最大产地。

井冈红糯荔枝

审定编号： 粤审果2009001

品种来源： 由从化市城郊镇高步村荔枝实生树中选出的优良株系

育 种 者： 华南农业大学园艺学院，从化市科技信息研究所，从化市太平镇农业办公室

联 系 人： 胡桂兵

特征特性

（1）形态特征： 果色鲜红均匀，果形心形，歪肩；果皮平均厚度1.62毫米，不裂果；龟裂片大，稍刺手；平均单果重23.5克，果肉蜡色，半透明；种子小，焦核率高。

（2）生长特性： 嫁接苗3年生开始结果，5~6年生进入盛果期，经济寿命百年年以上。一年抽稍4次，分别为3月底4月上旬、5月中下旬、7月中下旬和9月中下旬。始花期在4月上旬，盛花期在4月中旬，谢花期在4月中下旬，果实在7月中下旬成熟。花期和果实成熟期比糯米糍荔枝品种迟15天左右，比怀枝荔枝品种迟7～10天左右，为晚熟品种。在同等栽培条件下，极少看到裂果，对荔枝霜疫霉病的感病率3.9%。

（3）品质特征： 可溶液性固形物含量19.2%，可食率77.3%，焦核率80%左右。肉质嫩，爽口，不流汁，有糯米糍肉厚清甜又兼有桂味爽脆的特点，集中了两个品种的优点，是荔枝中品质上乘的品种。

（4）生产性能： 井冈红糯“并果”后落果停止，中后期很少落果，裂果也很少，所以丰产稳产性达到怀枝的水平。经多年试验结果，高接树嫁接后第3年株产达10～15公斤，平均亩产220～320公斤，第4年株产20公斤，平均亩产420公斤。在广州从化井冈红糯的成熟期比迟熟的怀枝品种还迟7～10天，所以历年收购价比怀枝高6～7倍，比糯米糍高近1倍，由于丰产稳产，售价高，经济效益好，在荔枝生产的低潮时期，井冈红糯是广州从化唯一较大面积地发展的品种。

推广情况

井冈红糯与怀枝、白糖罂、大造（大红袍）等荔枝品种嫁接亲和性良好，与黑叶、双肩玉荷包等荔枝品种交接时，大枝嫁接亲和性比小枝嫁接亲和性好。该品种适应性好，已在省内广州从化、阳江阳西、惠州惠东、揭阳惠来以及四川泸州、广西钦州和玉林、云南保山、福建漳州等地区推广。井冈红糯荔枝在其原产地广州从化近几年正大力进行品牌打造、高标准示范果园创建等工作。

2016年11月被农业部列为“十三五”期间第一批热带南亚热带作物新主导品种，被列为2017年广州市农业主导品种。

凤山红灯笼荔枝

审定编号：粤审果2011005

品种来源：汕尾果农崔保国引进荔枝苗的实生变异单株

育 种 者：广东省农业科学院果树研究所，广东省汕尾市果树研究所，崔保国，陈泉

联 系 人：陈洁珍

特征特性

（1）形态特征：树冠椭圆形、半开张；小叶3对，偶有2对或4对，小叶椭圆形或长椭圆形、长12.47厘米、宽4.3厘米，叶基宽楔形，叶尖渐尖或长尾尖，叶缘平直，叶片向内浅卷，宽大、厚。单果重平均25.5克，正心形；果皮色鲜红，果肩双肩稍隆起，果基微凹，果顶钝圆；缝合线双侧明显，较宽、深，初期为带微绿的黄色，小龟裂片少，果实过熟后转为暗红色；龟裂片中等大、密、呈多边形隆起、隆起较糯米糍高；裂片峰有短小的尖突，少数钝。果肉白蜡色到黄蜡色、厚1.0~1.3厘米。饱满种子平均重1.83克，败育种子平均重0.43克。

（2）生长特性：在广东中部、东部地区，一般1月下旬至2月上旬"露白"，3月中旬至4月中旬开花，6月25日前后成熟，成熟时每果穗平均坐果9个，最多27个。果实成熟时龟裂片先着色转红，缝合线和龟裂纹后转色，因此刚成熟的果实皮色鲜红带黄斑。不易裂果，一般年份裂果率在5%以下，果穗紧凑，"球"状结果明显。

（3）品质特征：可溶性固形物含量15.8%~17.8%，总酸含量70%~81%、还原糖含量6.92%~9.92%、蔗糖含量5.3%~6.73%、总糖含量14.0%~15.8%、维生素C含量12.5~21.4毫克/100克。可食率80%，焦核率82%以上，肉质爽细、不流汁，味清甜带微香、无涩味，品质优良。

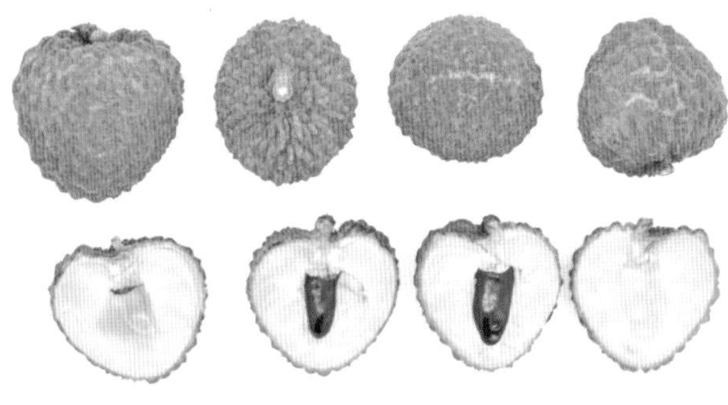

（4）生产性能：裂果少、座果高，成熟时平均每穗挂果9个，最多的达27个。低位嫁接换种后3年、4年、5年树平均株产为6.7、9.3、12.5公斤，折合亩产（33株/亩）为221.1、306.9、412.5公斤。

推广情况

该品种中迟熟，主要在汕尾种植，推广面积已有2000亩以上；广西南宁、博白、玉林和四川泸州等地已有引种。2011年列入农业部第一批热带作物主导品种，2013年列入广东省农业主导品种。汕尾凤山红灯笼种植场（崔保国）选送的凤山红灯笼在2017年农业部荔枝标准化生产示范联盟举办的"2017年全国优质荔枝擂台赛"荣获其他优质荔枝组金奖。

仙进奉荔枝

审定编号： 粤果审2011009

品种来源： 增城市新塘镇基岗村实生单株

育 种 者： 广东省农业科学院果树研究所，增城市农业技术推广中心，增城市新塘镇政府农业办公室

联 系 人： 邱燕萍

特征特性

（1）形态特征： 果实的形状多为扁心形和心形；果实纵径3.61厘米，大横径3.70厘米，小横径3.45厘米；龟裂片乳状微突起，较平，峰钝，裂纹浅；缝合线宽、浅；果较大，果肩耸起，果梗较粗；果顶浑圆；果皮颜色鲜红，果皮较厚，裂果少，最大果重29克，平均单果重25克。

（2）品质特征： 果肉厚，肉质黄腊色，汁清甜，有蜜香味，口感清甜而不腻。可溶性固形物19.1%，总糖含量16.2%，可滴定酸含量0.11%，维生素C含量30毫克/100克，可食率79%以上，焦核率近99%。

（3）生长特性： 属较迟熟的特优品种，开花期为4月上中旬。果实在7月上中旬成熟，比糯米糍迟熟7~10天。该品种树形半圆头形，较开张，树势中等，丰产性能好，球状结果性状明显。

（4）生产性能： 该品种迟熟、丰产性能好，第3、4、5年生嫁接树平均株产分别为4~5公斤、10~15公斤和15~25公斤，折合亩产分别为120~150公斤、300~450公斤和450~750公斤。果色鲜红、裂果少、焦核率高、品质特优。具有迟熟的特性，如在荔枝主产区北缘区域高接换种或栽培，其晚熟特性将更为突出，适宜在广东中部荔枝产区种植，具有良好的推广应用前景。

推广情况

自2008年以来，已在增城、东莞、潮州饶平、惠来、茂名、广州从化等地建立仙进奉荔枝新品种及配套技术示范基地十多个。已推广至广西、四川、福建、云南等省份，特别是广西钦州、四川泸州、云南保山已有一定面积的种植，表现良好。2017年“特优荔枝新品种仙进奉的推广与应用”获得广东省农业技术推广奖二等奖。

御金球荔枝

审定编号：粤审果2014001

品种来源：从珠海市斗门区斗门镇南门村南边里鬼仔林的实生荔枝老树群体中选育而成

育 种 者：广东省农业科学院果树研究所，珠海市果树科学技术推广站，珠海市斗门区水果科学研究所

联 系 人：向旭

特征特性

（1）形态特征：果实圆球形，果肩平，果顶浑圆，果皮鲜红、微带金黄色，龟裂片平，排列不整齐，裂片峰钝尖，裂纹浅而窄，缝合线明显。果实纵径3.0~3.3厘米，果实横径3.2~3.5厘米，平均单果重20.4克，果肉乳白色，肉厚1.2厘米。种子多数正常，但较小，棕褐色，椭圆形。

（2）生长特性：嫁接苗3年生开始结果，5~6年生进入盛果期，经济寿命100年以上。在珠海市海拔200米丘陵山地，结果树2月上中旬见白点，2月中旬至3月中旬抽生花穗，3月中旬初花，3月下旬至4月上旬盛花，4月中旬谢花。结果期在4月上中旬至6月下旬，历时近75天，4月中下旬子房并粒分大小果，6月下旬果实成熟。成年结果树树冠开张呈半圆形，树势中等偏强，其较易成花、花穗短小、花量适中、座果率高，极少裂果，丰产稳产。

（3）品质特征：可溶液性固形物含量19.9%，可食率84.9%，焦核率80%。肉质特嫩滑，汁多，味清甜。

（4）生产性能：嫁接苗定植或高接换种后第3年均可投产，嫁接苗定植后第3、第4、第5年单株平均产量3.7、6.5、9.6公斤；在黑叶、怀枝成年树上高接换种御金球，第3、第4、第5年单株平均产量分别为13.8、16.6、26.8公斤。御金球粗生易长、适应性广、抗逆性较强，较为耐涝耐旱，既适应丘陵山坡地，也适应地下水位较高的平地栽培。

推广情况

与黑叶荔枝嫁接亲和性良好，是目前最大宗品种黑叶换种的最佳选择之一，适合广东荔枝主产区栽培，已在省内珠海、茂名、湛江、惠来和四川、广西推广。

A：开春后见白点抽花序
B：花穗状（偏短小）
C：雄花开放状态
D：雌花开放状态
E：雌花凋谢
F：果枝挂果状
G：成熟果实与剖面特征

翡脆荔枝

审定编号：粤审果2017002

品种来源：从茂名市电白区马踏镇电白港务局果场的实生荔枝树选出

育 种 者：广东省农业科学院果树研究所，茂名市水果科学研究所，茂名市电白区水果局

联 系 人：向旭

特征特性

（1）形态特征：易成花、花量适中，果实于6月中下旬成熟。果实中等大，心形，果皮红带黄色，果肩平，果顶浑圆，龟裂片平，排列不整齐，裂片峰钝尖，裂纹浅而窄，缝合线明显，果肉爽脆、蜡白色，平均单果重22.2克，小核率93%以上。

（2）生长特性：嫁接苗3年生开始结果，5~6年生进入盛果期，经济寿命100年以上。在茂名市海拔100米丘陵山地，结果树一般2月上中旬出现“白点”，3月初显蕾，3月中下旬始花，盛花期在始花后10天左右，花穗雌雄相接期10天左右，同一株树花期22 ~ 25天。结果期在4月上中旬至6月下旬或7月初，历时近80天，4月中下旬子房并粒分大小果，6月下旬至7月初果实成熟。成年结果树树冠开张呈半圆形，树势强，其较易成花、部分花穗可有2~3批雌花，故其坐果率较高，不易裂果，丰产稳产性强。适应性广、抗逆性、抗病性较强，较耐贮藏保鲜，是适合现代电商物流的理想品种之一。

（3）品质特征：可溶性固形物含量16.8%~18.3%，可滴定酸含量（0.10%）较低，尤其是果皮尚未转红前、即在7 ~ 8成熟度时酸度已低，风味清甜、肉质爽脆，其时口感佳，鲜食品质尤佳，在完全成熟时甜度增加、果实更大、品质上乘，故其果实成熟采收期长达20天以上。小核率高而稳定，达93%以上，可食率高、达78.7%~80.5%。

（4）生产性能：不论是圈枝压条苗还是嫁接苗，定植3年后普遍开花结果，定植后第3年成花率70%以上，第5年成花率90%以上，挂果前3年嫁接苗定植的产量稍低于压条苗定植，压条苗定植第3、第4、第5年平均株产分别为7.5、10.7、22.3公斤，平均单产与同期对照树妃子笑基本相近。在成年黑叶荔枝树上嫁接（高接换种），次年即可开花挂果，第3年即可投产，第4年可丰产，第5年后单株平均产量可达35公斤以上。

推广情况

与黑叶荔枝嫁接亲和性良好，是目前最大宗品种黑叶换种的最佳选择之一，适合广东荔枝主产区栽培，已在省内茂名、增城、惠来和四川、广西推广。

花蕾期 | 开花期

雌花期 | 幼果期

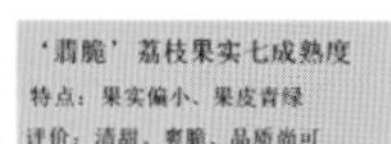

‘翡脆’荔枝果实八成熟度
特点：果实中等大、果皮青绿带红
评价：清甜、特爽脆、品质优

‘翡脆’荔枝果实完全成熟
特点：果实较大、果皮黄红色
评价：爽脆、风味浓、品质中上）

广粉1号粉蕉

审定编号： 粤审果2006009

品种来源： 从澄海农家粉蕉中优选而成

育 种 者： 广东省农业科学院果树研究所

联 系 人： 黄秉智

特征特性

（1）形态特征： 假茎高度平均为426厘米，假茎基部粗度（周长）为95.0厘米，中部粗度（周长）为63.7厘米，黄绿色，无着色。叶片长234厘米，叶片宽79厘米，叶形比2.96。果穗结构紧凑、长圆柱形，长度为75厘米，粗度（周长）为115厘米，穗柄长度为64厘米，粗度（周长）为23.5厘米，梳数最多可达13.6梳/穗，果穗8.5梳的总果指数为154根/穗；果形直或微弯，完全饱满时向上弯45°。果指长度为16.9厘米，粗度（周长）为14.1厘米，果顶尖，果柄长度为3.2厘米，果指棱角不明显，生果浅绿色，极少被蜡粉。成熟果实果皮黄色、薄，遇擦压易变褐黑；果肉主要为奶油色或乳白色，心室内壁果肉为黄色。

（2）生长特性： 一般生长周期为15~17个月，早春2月底至3月初定植6~8叶龄试管苗，植株生长总叶数为47~50片，11月底至翌年2月抽蕾，翌年5~7月收获。其抗逆性介于大蕉和香牙蕉之间。抗寒力比香蕉强，叶片可忍耐2~4 ℃的短时低温，但不耐霜冻；果实的耐寒力稍差。抗大气污染能力较强，抗风力比香蕉强，其假茎粗壮，假茎质地韧，根系较发达，较耐风。田间表现感枯萎病，但抗叶斑病、黑星病、炭疽病、香蕉束顶病等。

（3）品质特征： 可溶性固形物含量26.5%，维生素C含量2.3毫克/100克，可滴定酸含量0.34%，蔗糖含量9.00%，可溶性全糖含量20.94%，果实可食率79%，味浓甜，无香或微香，春夏季果实质量更优。

（4）生产性能： 平均株产为29.5千克，比其他粉蕉品种高产13.0%以上。

推广情况

广东省未种植或少种植粉蕉的新蕉区或较远离枯萎病园的新蕉园、冬季极端最低温5 ℃以上、无严重霜冻的地区周年均可种植，尤其是春植；最低温度0~5 ℃、有霜冻的地区宜于5~8月种植。广东省经济栽培北缘蕉区可达英德市大站镇。目前在广东、广西、云南等省大面积种植。2012年广东省及2010—2016年广州市农业主导品种，2010年获得广东省农业技术推广奖二等奖。

粉杂1号粉蕉

审定编号： 粤审果2011007

品种来源： 广粉1号粉蕉的偶然实生苗

育 种 者： 广东省农业科学院果树研究所，中山市农业局

联 系 人： 黄秉智

特征特性

（1）形态特征： 树势中等，叶片开张、较短窄，假茎高325厘米。果指短而粗，果指长度和果指周长均为13.6厘米，果顶钝尖或圆，单果重143克，平均梳重2.0公斤，成熟果皮黄色，皮厚0.15厘米，果肉奶油色或乳白色，肉质软滑，味浓甜带甘、微酸，

（2）生长特性： 生长周期一般13~15个月。田间表现抗4号小种香蕉枯萎病能力强，在未种植粉蕉的香蕉枯萎病园田间发病率低于5%。抗逆性介于大蕉和香牙蕉之间。

（3）品质特征： 可溶性固形物含量25.72%，可溶性糖含量21.06%，可滴定酸含量0.45%，维生素C含量14.6毫克/100克，可食率74.2%，品质优，货架期长。

（4）生产性能： 春植平均株产13.9公斤，折合亩产1668公斤，高水平管理密植可达3000公斤/亩。

推广情况

适宜广东省无严重霜害地区肥沃水田枯萎病香蕉园种植或病穴补种，春夏季种植，已在广东、广西、海南等省推广种植。2011—2015年农业部、2012、2013、2016、2017年广东省及2012—2017年广州市农业主导品种，2009年获得中山市科技进步二等奖。

农科1号香蕉

审定编号： 粤审果2008002

品种来源： 巴西香蕉无性系选育而成

育 种 者： 广州市农业科学研究院

联 系 人： 刘绍钦

特征特性

（1）形态特征： 属AAA群中杆香芽蕉品种。平均株高259厘米，相比巴西香蕉，生育期较长；株形较紧凑；前期叶间距较密，叶片较巴西香蕉短、阔；露头；秋冬季抽蕾密叶层叶距紧密，排列呈对生状，果轴较短；夏季抽蕾密叶层形态、果轴长度则较接近巴西香蕉。平均每疏果指数21只，果梳间距较巴西香蕉短，果皮青绿。

（2）生长特性： 田间表现抗枯萎病，在巴西蕉枯萎病发病率超过60%的蕉园种植，平均发病率6.8%，较巴西蕉低90.6%。

（3）品质特征： 可溶性固形物、可溶性糖均比巴西蕉略高，总酸度略低，果实风味、品质好。

（4）生产性能： 头造单株产量15~30公斤，平均株产20～25公斤。

推广情况

在广东、海南等蕉区广泛种植。2008年广州市农业主导品种，2011年广州市农业良种补贴品种、主导品种，2015年入选东莞市农业主导品种与主推技术，2008年获得国家级星火计划推广项目，2010年获广东省农业技术推广奖二等奖。

中蕉9号香蕉

审定编号： 粤审果20170001

品种来源： 金手指（AAAB）/SH-3142（AA）

育 种 者： 广东省农业科学院果树研究所

联 系 人： 董涛

特征特性

（1）形态特征： 果指整齐，外观漂亮，品质优良，与传统香蕉比，口感香滑。假茎粗壮，浅绿色或浅黄绿色，假茎平均高度292.5厘米，基部粗度90.6厘米；新植蕉生长周期12～14个月。假茎浅绿色，锈褐斑较少；叶片排列较分散、叶姿开张。果穗较紧凑，果梳和果指大小均匀，平均长22.5厘米、粗13.6厘米；生果皮呈浅黄绿色，催熟后果皮呈金黄色；果肉乳白略带黄色，平均单果重183.2克。

（2）生长特性： 生长周期12~14个月。假茎粗壮，抗风、抗寒性能优越；商品性状好，果指整齐，外观漂亮。田间表现不感香蕉枯萎病（1号、4号生理小种）。

（3）品质特征： 可溶性固形物含量22%，可滴定酸含量0.33%，可溶性糖含量18.34%，口感软糯香滑，品质优良。

（4）生产性能： 丰产性能优良，种植第一造平均株产30.2公斤，折合亩产3982.0公斤，比对照品种巴西蕉增产25.2%；种植第二造平均株产32.4公斤，折合亩产4270.0公斤，比对照种巴西蕉增产29.9%。

推广情况

近4年在广东惠州、湛江、茂名、东莞，广西南宁、海南三亚等地重病区的多点栽培试验，未发现感染枯萎病，已在广东高州、佛山三水、徐闻、雷州、肇庆沙浦、汕头潮阳、江门、广州番禺等地建成15个示范基地。另外，已在云南西双版纳、河口、普洱、元江、德宏、景洪、玉溪，广西南宁、崇左、玉林、百色，福建漳州及海南儋州等地推广种植。适合我国各个香蕉产区推广种植，在枯萎病严重地区可作为巴西蕉等主栽品种的替代品种。该品种已获得国家植物新品种保护权（品种权号：CNA20151500.2）。

少核贡柑

审定编号：粤审果2013008

品种来源：从云安县南盛镇桐岗村果园普通贡柑群体中经过芽变选种选育而成

育 种 者：广东省农业科学院果树研究所，德庆县农业局

联 系 人：吴文

特征特性

（1）形态特征：树势中等，树冠半圆形、较不开张，枝条较直立，偶有短刺。果实近圆球形，橙黄至橙红色，果面光滑，果顶部平，果蒂部圆，果皮厚0.1~0.2厘米，较易剥皮；平均每果种子5.2粒，平均单果重110.3克；囊瓣8~11瓣，彼此间较易分离，囊壁薄而软；果肉橙黄色。

（2）生长特性：在广东德庆县种植，少核贡柑幼龄树1年可抽4次新梢，春梢2月上中旬萌芽，第1次夏梢5月上旬萌芽，第2次夏梢6月中、下旬萌芽，秋梢7月下旬至8月上旬萌芽。结果树春梢2月上中旬萌芽，2月底至3月初现蕾，3月中下旬盛花，3月底至4月上旬谢花，4月中下旬第1次生理落果，4月底至6月第2次生理落果。果实11月上旬开始转色，12月成熟。抗病性和抗逆性与贡柑相近。

（3）品质特征：可溶性固形物含量11.4%，总酸含量0.49%~0.57 %，总糖含量10.20%~ 10.45%，维生素C含量25.4毫克/100毫升以上。肉脆化渣，清甜蜜味，少核，品质上等。

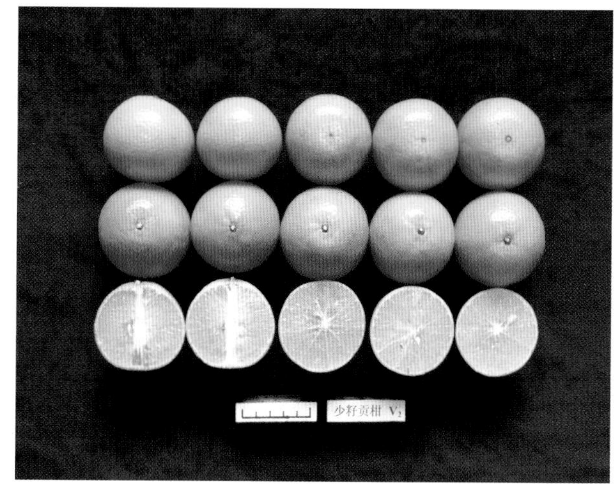

（4）生产性能：嫁接苗种植第3年开始结果，一般种植第5年进入盛果期。早结、丰产性强，在广东德庆县试验点，3年生树平均单株产量8公斤，4年生树平均单株产量17公斤。

推广情况

适宜广东贡柑产区种植，已在德庆、仁化等贡柑产区推广。2015年农业部农业主导品种、广东省农业主导品种。

粤引默科特桔橙

审定编号：粤审果2012007

品种来源：2003年从中国农业科学院柑桔研究所引进（原产美国）

育 种 者：广东省农业科学院果树研究所

联 系 人：吴文

特征特性

（1）形态特征：树势较强，分枝能力强，枝条较密，成熟枝条较硬，树冠圆头形，较直立。果实较大，扁圆形，单果重137.2~170.5克，果实果形指数0.71~0.77；果皮光滑，橙黄色，包着较紧，易剥皮，果皮厚度0.20~0.23厘米，果肉橙红色。

（2）生长特性：嫁接苗种植第3年开始结果，一般种植第5年进入盛果期。在广东龙门县，幼龄树1年可长4次梢，春梢2月中旬萌芽，第1次夏梢5月上、中旬萌芽，第2次夏梢6月下旬萌芽，秋梢8月上中旬萌芽。结果树2月下旬至3月上旬现蕾，3月上旬初花，中旬盛花，下旬谢花。4月中、下旬开始第1次生理落果，5月上、中旬开始第2次生理落果。果实11月下旬~12月中旬转色，次年2月中下旬~3月中旬成熟。该品种晚熟、品质优良、耐贮性和商品性好。抗病性和抗逆性与普通柑橘相近。但树冠外围的果实较易产生日灼果，对柑橘溃疡病较敏感。

（3）品质特征：可溶性固形物含量13.0%~16.0%，总酸含量0.83%~1.07%，总糖含量10.95%~14.28%，维生素C含量19.3~22.6毫克/100毫升，固/酸比达15.0以上。可食率高达78.5%~80.2%，种子8~12粒；果肉柔软多汁，甜酸适中，风味浓郁，香气浓，品质优。

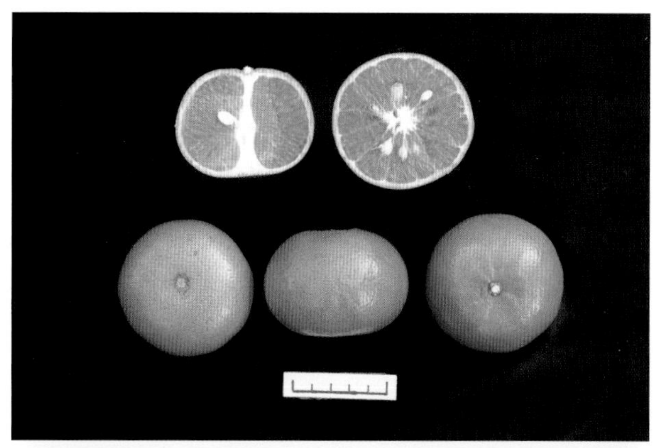

（4）生产性能：早结、丰产性强，在龙门县试验基点，3年生树平均单株产量14公斤，4年生树平均单株产量22.5公斤。

推广情况

适宜广东中部至北部柑橘产区种植，已在龙门县、中山市等柑橘产区推广。

少核年桔

审定编号：粤审果2014008

品种来源：采用年桔优株老熟秋梢通过Co^{60}-γ射线辐射诱变选育而成

育 种 者：广东省农业科学院果树研究所，龙门县农业局

联 系 人：吴文

特征特性

（1）形态特征：树势较壮旺，树冠圆头形，半开张，幼树较直立。果实扁圆形，果面光滑，果顶部平或稍凹，果皮橙黄至深黄色，平均果皮厚0.17厘米，易剥离；平均每果种子3.3粒，单果重51克；囊瓣10~12瓣，彼此间较易分离，囊壁薄而软。

（2）生长特性：一般嫁接苗种植后2~3年开始挂果，第4~5年能进入丰产期。在广东龙门县种植，幼龄树1年可抽4次新梢，春梢2月上、中旬萌芽，第1次夏梢5月上旬萌芽，第2次夏梢6月中、下旬萌芽，秋梢7月下旬 至8月中旬萌芽。结果树春梢2月上、中旬萌芽， 2月中旬至3月上旬现蕾， 3月中、下旬盛花， 3月下旬至4月上旬谢花，4月中、下旬第1次生理落果， 5月上旬至7月中旬第2次生理落果。果实11月下旬至12月中旬转色，翌年2~3月成熟，通过适当的树上保鲜，可延迟到4月采收。 少核年桔与年桔相同，生长粗放，抗逆性强。该品种晚熟，少核，耐贮性好，品质优良。

（3）品质特征：可溶性固形物含量14.5%，可滴定酸含量0.87%，总糖含量10.3%，维生素C含量44.0毫克/100克。果肉汁胞柔软多汁，化渣，味甜酸，桔味浓。

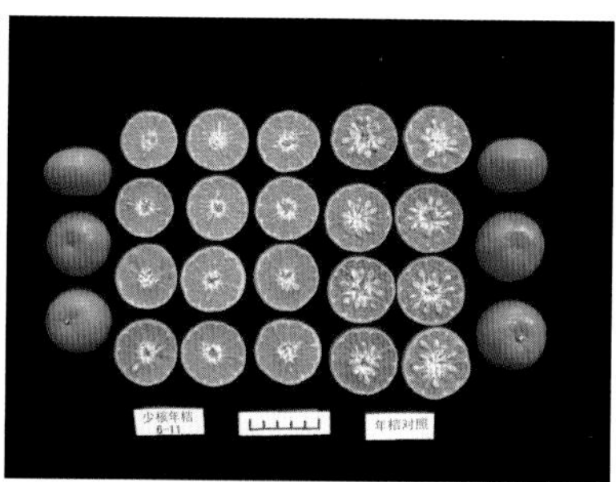

（4）生产性能：该品种早结、丰产、稳产性强，在龙门县种植的少核年桔，植后第3年平均株产6.3公斤，第4年平均株产13.5公斤，第5年平均株产31.5公斤。

推广情况

适宜广东柑桔产区种植，已在龙门县等柑桔产区小面积推广。

金葵蜜桔

审定编号：粤审果2011006

品种来源：佛冈县水头镇白石圳村普通沙糖桔变异优株

育 种 者：广东省农业科学院果树研究所

联 系 人：周碧容

特征特性

（1）形态特征：树势健壮，树姿半开张，呈圆锥状圆头形。主干浅灰色、较光滑；枝条稍细、长度中，幼年期长枝或徒长枝有少量刺，成年结果树一般无刺。叶片深绿色，长卵圆形，有光泽。花多，单生，完全花。果实扁球形，对称，单果重39.7克，纵径3.63厘米，横径4.48厘米，果形指数为0.81。果皮橙红或深橙色，着色均匀，果面光滑；果皮薄、易剥，油胞多、平；果心中空，果肉深橙色。

（2）生长特性：在广州，春梢于2月初萌芽，2月初现蕾，3月上旬始花，3月中旬至下旬盛花，3月底至4月初末花，花期与沙糖桔相近。果实生理落果期为4月中旬至6月下旬，果实在10月底开始着色，11月下旬至12月上旬成熟，比沙糖桔早熟15～20天。果实较紧实，贮藏性较好。适应性较强，抗柑橘溃疡病较其他柑橘品种如甜橙、柚类强。

（3）品质特征：可溶性固形物含量15.5%～16.4%，总酸含量0.462%～0.89%，总糖含量11.6%～14.87%，维生素C含量37.9～46.5毫克/100毫升，无核；可食率78.8%。肉质脆嫩、多汁、风味浓甜，有香味，品质优级。

（4）生产性能：嫁接苗种植第3年开始结果，第5年进入盛果期，丰产、稳产，经济寿命20多年，5年生亩产量2600公斤。

推广情况

最好选择单一品种种植，或与沙糖桔混栽，以保持品种无籽性状。适合沙糖桔产区栽培，已在清远、肇庆、潮州、茂名和广西推广。2017年广东省农业主导品种。

红肉蜜柚

审定编号：粤审果2014006

品种来源：琯溪蜜柚芽变

育 种 者：梅州市种子监督管理站，梅州市农业科学研究所，梅州市梅县区农业科学研究所，广东省大埔县蜜柚集团有限责任公司，梅州市梅县区梅南彩芬种养场

联 系 人：饶小珍

特征特性

（1）形态特征：红肉蜜柚顶端生长优势明显，自然生长中幼龄树易形成上强下弱树势，树冠圆头形。以簇生花为主，有少数单花。每条结果母枝通常能抽花序1～5个，每个花序有2～12朵花。着果部位主要集中在结果母枝的3～5节，每条结果枝挂果1～2个。红肉蜜柚无须配置授粉树或人工辅助授粉，坐果率为6.5%。果形指数0.92；单果重1200～2350克；皮色黄绿色；果肩圆尖，偏斜一边；果顶广平、微凹、环状圆印不够明显与完整；果面因油胞较突，手感较粗；皮薄，平均厚0.9厘米。囊瓣数13～17瓣，有裂瓣现象，裂瓣率28%，囊皮粉红色；汁胞淡紫红色。

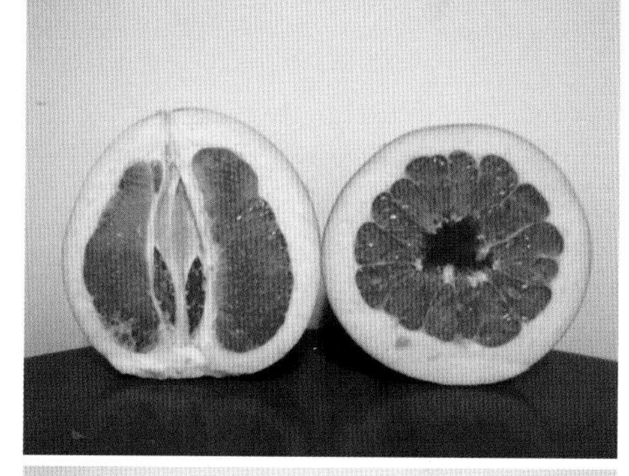

（2）生长特性：在梅州地区每年抽梢4次为宜，萌发期分别在2月上中旬、5月上中旬、7月中下旬及9月中下旬；现蕾期2月上中旬；始花期3月中旬至下旬初，盛花期3月下旬至4月上旬，终花期4月中旬，第1次生理落果期3月底至4月上旬，第2次生理落果期4月中旬至5月上中旬，5月中旬至8月上旬为果实迅速膨大期，8月中旬开始进入果径发育稳定期，成熟期9月中下旬。不同种植地区其物候期因受当地气候等条件的影响而略有差异。单一品种种植表现无核，抗病性和抗逆性较强。

（3）品质特征：果实总糖含量8.49%，总酸含量0.28%，维生素C含量36.88毫克/100克，可溶性固形物含量11.48%，汁胞呈色色素为番茄红素和β胡萝卜素。果汁丰富，风味酸甜，品质上等。

（4）生产性能：植后第3年开始挂果，第5~6年进入丰产期，亩产可达2000~3000公斤，稳产性能好，经济寿命近百年。

推广情况

适宜广东省柚类产区栽培，已在广东、福建、海南等柚类产区推广。“红肉蜜柚的引种研究与应用推广”获2010年度广东省农业技术推广奖三等奖。

粤引尤力克柠檬

审定编号： 粤审果2010005

品种来源： 2005年从四川省安岳县引进（嫁接苗）

育 种 者： 广东省农业科学院果树研究所，广东省中兴绿丰发展有限公司，广东省杨村华侨柑桔研究所

联 系 人： 钟云

特征特性

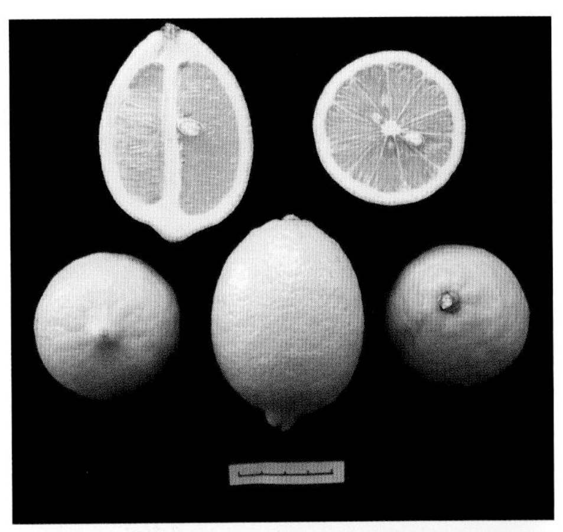

（1）形态特征： 花单生，有花序，花背面淡紫色，花正面白色、舌状花瓣，花丝基部联合。果实形状以椭圆形为主，果形指数1.15~1.30，成熟时果皮黄色，果皮厚度0.35~0.45厘米，果心小而充实，囊瓣9~12瓣，长肾形，春花果实平均单果重148克。

（2）生长特性： 嫁接苗2~3年生开始结果，4年开始丰产，5年生进入盛果期，在广东的经济寿命8年左右。在广东河源2月中下旬春花现蕾，3月上旬至4月上旬盛花，4月中旬谢花，4月下旬至6月中旬为生理落果期，可采期为9月上旬至11月上旬。树势强健，早结丰产。果实留树保鲜期较长，耐贮运。抗性与其他柑橘基本相当。

（3）品质特征： 可溶性固形物含量7.5%~8.5%，总酸含量4.5%~7.5%，全糖含量1.5%~2.0%，维生素C含量40~60毫克/100毫升，出汁率约30%。

（4）生产性能： 第2年开始结果，第3年株产约15公斤，第5年株产可达50公斤，平均亩产达835公斤，稳产。1年可开花、结果4次，以春花果产量最高。

推广情况

适宜广东南部及中北部霜冻较轻的地区种植，目前已在河源、惠州、湛江和云南、四川推广。加工产品有柠檬干片、柠檬饮料、柠檬精油等。2013年入选河源市主推品种，2015年获河源市科学技术进步奖特等奖，2016年获广东省科学技术三等奖。

粤引早脆梨

审定编号： 粤审果2009006

品种来源： 台湾4029梨单株

育 种 者： 广东省农业科学院果树研究所，乐昌市生产力促进中心，河源市水果生产管理办公室，东源县科技局

联 系 人： 林志雄

特征特性

（1）形态特征： 树势壮旺，树姿直立，枝条顶端生长优势非常明显，分枝角度小，在自然生长情况下，枝条开张角度多小于30°，若不实行摘心打顶或拉线整形，大部分枝条呈直立生长状态，枝条重叠向上生长，较少分枝，在肥水充足条件下，一年生叠梢可达250厘米以上，容易形成低产树冠。果实外形美观，近球形，大型，果面较光滑，果点稍大，果皮青绿色，充分成熟时转黄绿色。平均单果重253克，果心偏小，果肉乳白色。

（2）生长特性： 果实成熟期在6月下旬至7月上旬。

（3）品质特征： 可溶性固形物含量12.10%、总糖含量8.40%、总酸含量0.20%、维生素C含量2.45毫克/100克。肉质细嫩，石细胞少，汁液多，口感风味清甜脆嫩。

（4）生产性能： 早结性强，丰产，以中短结果枝结果为主，种植后第3年开始结果，3年生树亩产159.1公斤，4年生树亩产740公斤，5年生树亩产1128公斤。需要配置10%~15%的授粉树。

推广情况

在广东省北部适宜种植砂梨的地区均可种植，已在河源、韶关、清远、肇庆、梅州等地和广西推广种植，2012、2013年广东省农业主导品种。

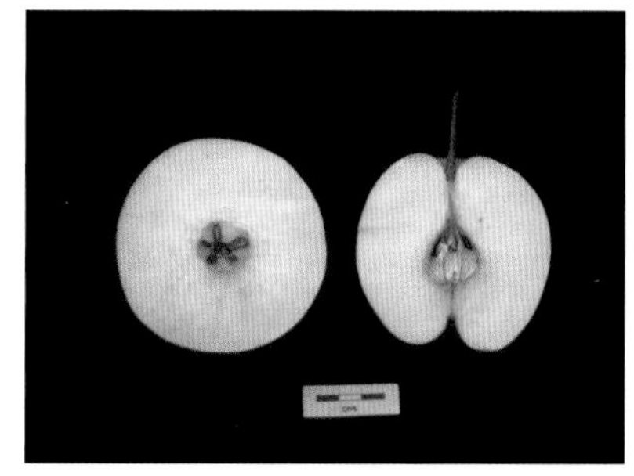

麒麟三华李

审定编号：粤审果2015007

品种来源：从三华李嫁接繁殖群体李选-2号单株优选而成

育 种 者：广东省农业科学院果树研究所，封开县果树研究所

联 系 人：林志雄

特征特性

（1）形态特征：树势中等，树形开张，树冠圆头形，枝梢下垂明显。果实近球形，果皮及果肉紫红色，平均单果重48.2克。

（2）生长特性：在广东中部地区，1月下旬现蕾，2月上旬始花，花期约20天。果实发育期120~130天，果实6月下旬至7月初成熟，

（3）品质特征：可溶性固形物含量13.0%，总糖含量8.27%，还原糖含量5.90%，总酸含量1.12%，维生素C含量9.57毫克/100克，可食率97.4%。品质优良。

（4）生产性能：丰产稳产，嫁接苗种植后第3年开始投产，以短果枝及花簇状果枝结果为主，3年生、4年生、5年生树平均株产分别为8.6、23.2、27.4公斤，折合亩产473.0、1276.0、1507.0公斤。适应性较强。

推广情况

适宜广东三华李产区种植，已在肇庆、清远、韶关、河源、梅州等地推广种植。

云开1号三华李

审定编号：粤审果2016004

品种来源：信宜市钱排镇三华李群体中通过单株选择选育而成

育 种 者：华南农业大学园艺学院，信宜市农业局

联 系 人：何业华

特征特性

（1）形态特征：树势中等，成枝力中等。成年树以短果枝和花束状果枝为结果枝，其中短果枝坐果量占75%，花束状果枝坐果量占25%，果实近球形，缝合线深，缝合线两侧在果柄端稍不对称；果顶微凹，具一条与缝合线垂直的宽纹；果皮较薄，成熟时红色，布有大量淡黄色斑点，并覆盖一层淡蓝色果粉；果肉红色，纤维少，汁多，果肉甜酸，充分成熟时肉质软溶，有较浓郁的香气；离核，果核小，重约0.8克，扁椭圆形；单果重49.4~57.2克。

（2）生长特性：嫁接苗2~3年生开始结果，5~6年生进入盛果期，经济寿命近40年。在信宜市海拔250米山区，1月5日现蕾，1月25日左右始花，2月中旬花谢，主花期约20天。子房在花冠枯萎时开始膨大，4月20日前后部分早花果果皮和果肉开始转红进入脆熟期，5月中旬大量时进入红熟期并一直持续至6月中旬，在海拔600米山区以上地区可推迟到7月中旬成熟，为三华李中最早成熟、成熟时间持续最长的一个品种。耐热性和抗病性较强。

（3）品质特征：可溶性固形物含量11.2%~13.2%，总糖含量7.3%~8.1%，总酸含量1.0%~1.4%，果实可食率95.5%~96.9%，风味佳，品质上等。

（4）生产性能：丰产性强，栽后第2年即开始结果，5年生后大量结果，7年生单株产量约60公斤，稳产。

推广情况

适合三华李产区栽培，尤其粤西南海拔250~800米山区表现良好，已在广东信宜、阳山、兴宁和广西推广。在中国园艺学会李杏分会举办的“全国优质李评比”中获得金奖。

粤引澳卡菠萝

审定编号：粤审果2010003

品种来源：1979年从澳大利亚引进

育 种 者：广东省农业科学院果树研究所，徐闻县水果蔬菜研究所

联 系 人：刘传和

特征特性

（1）形态特征：卡因类菠萝品种，植株叶缘无刺，株型较大；叶片较宽、较厚，果实成熟时果皮黄色，果大、长筒形，果形端正，果眼较浅，单果重1.3～1.5公斤，最大单果重3.0公斤；果心韧，果肉致密嫩滑、黄色，纤维少，汁多。

（2）生长特性：在珠三角等地区种植，正造果抽蕾期为3月下旬至4月上旬，花期4月中下旬，果实成熟期8月上旬至9月上旬。可于3～6月春植或8～9月秋植，最好选择35厘米以上的吸芽苗种植，其次为顶芽或裔芽苗；双行或三行植，株行距35～40厘米，亩植2500～3000株。结果后要及时除去果柄上长出的裔芽，夏季注意防晒护果；有条件的地方可采用地膜覆盖栽培，施足有机肥；珠三角、粤东等地区种植冬季及早春要注意防寒。

（3）品质特征：可溶性固形物含量15.4%～18.6%，总酸含量0.56%～1.06%，维生素C含量8.70～9.94毫克/100克；果实出汁率75%，比无刺卡因高11%，果肉清甜，是适合鲜食与加工的优良品种。

（4）生产性能：在广州、徐闻、增城3个试验点试验期内平均亩产5320公斤，比对照品种无刺卡因增产24.1%。

推广情况

适宜在广东、广西、海南等菠萝产区种植，目前已在广东汕尾、肇庆、湛江及海南等地推广。被农业部、广东省列为农业主导品种。

白粉梅

审定编号：粤审果2009012

品种来源：从普宁市高埔镇龙堀村的果梅农家品种中选出的优系

育 种 者：广东省农业科学院果树研究所，普宁市水果蔬菜局

联 系 人：周碧容

特征特性

（1）形态特征：树势健壮，树形开张，呈杯状；成枝力强，枝条密，短果枝占76.7%，成年树以短果枝为主要结果枝。叶片绿色，长椭圆形，叶缘锯齿明显。花密而多，单生，完全花。果实近圆形，大小较整齐，单果重24.26克，纵径3.69厘米，横径3.57厘米，侧径3.33厘米；果顶锥形，有小尖顶突起，缝合线不明显，两侧较对称；果皮黄绿色、朝阳面带有少量红晕，果面有白色茸毛。

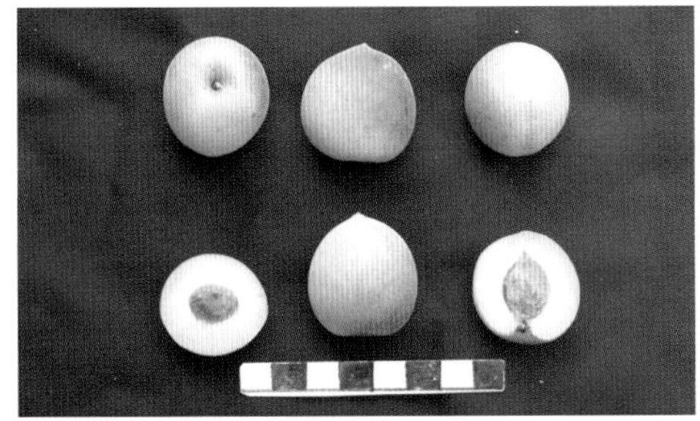

（2）生长特性：嫁接苗种植第3年开始结果，第6年进入盛果期，经济寿命20多年。在普宁地区，初花期12月中旬，盛花期12月下旬至次年1月初，终花期1月上旬至中旬，果实退绿期4月初，成熟期4月上中旬。种植后第3年开始结果，第6年单株产量21.6公斤，大小年不明显。抗逆性和适应性强，对病虫害抗性中，适合粤东沿海山区种植。

（3）品质特征：可溶性固形物含量8.38%～8.58%，总酸含量5.37克，总糖含量1.04～1.19克，维生素C含量4.81毫克/100毫升。果肉细脆，风味酸，无苦涩味，粘核，果实可食率90.5%。

（4）生产性能：定植后第3年开始结果，平均株产3.2公斤，第4年平均株产6.0公斤，第5年平均株产9.5公斤，第6年平均株产21.6公斤、亩产648公斤，与对照种青竹梅相当。在加工腌制过程中，果皮不易破裂，是加工梅坯和酥梅的优良品种。

推广情况

该品种已在广东果梅产区推广，是中国青梅之乡——普宁、陆河的主要栽培品种。其加工制品主要有干湿梅、咸水梅、酥梅、话梅、梅酒等。“普宁青梅”“陆河青梅”被授予为国家地理标志保护产品。

软枝大粒梅

审定编号：粤审果2009013

品种来源：从普宁市高埔镇龙堀村青竹梅群体中选出的优株

育 种 者：普宁市水果蔬菜局，广东省农业科学院果树研究所

联 系 人：周碧容

特征特性

（1）形态特征：树形开张，呈杯状，成枝力强，枝条密，短果枝占70.37%，中果枝22.22%，长果枝7.41%，成年树以短果枝为主要结果枝。叶片椭圆形，叶尖细尾状，扭曲。花密而多，多单花，完全花。果实近圆形，大小整齐，单果重25.5克，纵径3.71厘米，横径3.68厘米，侧径3.49厘米；果顶突出明显，果肩稍斜，缝合线明显，两侧较对称；果皮黄绿色，阳面呈淡红色点状晕，有茸毛；果肉淡黄色。

（2）生长特性：软质大粒梅嫁接苗种植第3年开始结果，第6年生进入盛果期，经济寿命20多年。在普宁地区，初花期12月下旬，盛花期次年1月中旬，终花期1月下旬，果实退绿期4月上中旬，成熟期4月下旬。丰产，第6年单株产量25.5公斤，比青竹梅增产28%，大小年不明显。抗逆性和适应性强，抗病能力较强。

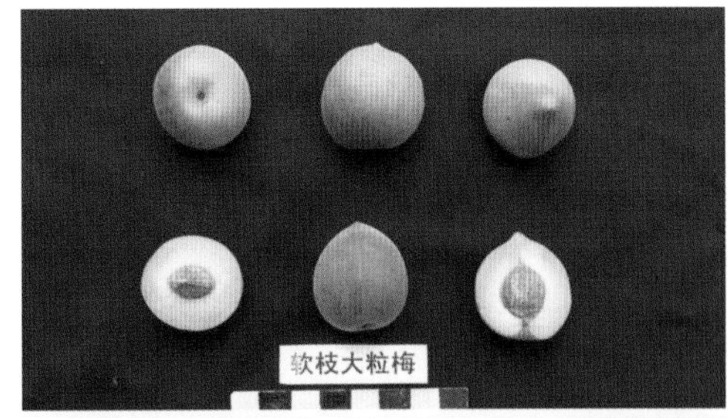

（3）品质特征：可溶性固形物含量8.0%～8.6%，总酸含量4.96%～5.50%，总糖含量0.89%～1.12%，维生素C含量2.2～3.4毫克/100毫升；粘核，果实可食率90.6%。肉质紧实、细，汁少，风味酸，无苦涩味。

（4）生产性能：种植后第3年开始结果，平均株产3.5公斤，第4年平均株产7.3公斤，第5年平均株产11.0公斤，第6年平均株产25.5公斤、亩产765公斤，比对照种青竹梅增产20.5%～30.5%。适宜鲜食或加工，是制梅坯和甜酥梅的优良品种，也适宜制作话梅、蜜饯梅、糖梅、梅酒等。

推广情况

适宜粤东沿海山区种植。其加工制品“酥梅”以其色泽雅观、肉质酥脆、品质上乘、具有原果风味而被评为国家级新产品，被外商誉为“凉果之珍品”。普宁青梅制品80%以上出口，产品畅销日本、韩国、东南亚、欧美、俄罗斯以及港、澳、台等10多个国家和地区，成为普宁出口创汇的“拳头”产品。为中国青梅之乡——普宁、陆河的主要栽培品种，“普宁青梅”“陆河青梅”被授予国家地理标志保护产品称号。于1997年被第三届全国农业博览会认定为名牌产品。

和平红阳中华猕猴桃

审定编号： 粤审果2006006

品种来源： 中华猕猴桃红阳（苍猕1-3）种质材料变异枝条

育 种 者： 仲恺农业工程学院，和平县水果研究所

联 系 人： 梁红

特征特性

（1）形态特征： 和平红阳中华猕猴桃为早中熟品种，枝蔓生长旺盛，节间较短，叶片较小，圆形；枝条嫁接后第二年开始挂果，结果枝3月上旬萌芽，4月初开花，成熟期8~11月。果实圆柱形兼倒卵形，果肉黄绿色、红心，果皮褐绿色，平均单果重56.5克。

（2）生长特性： 为中迟熟品种，果实美观，丰产稳产，适应性强。适宜广东粤北山区海拔150～1000米丘陵、山地种植。

（3）品质特征： 可溶性固形物含量高达16%~18%，果酸含量1.2%~1.3%，总糖含量9.4%~10.9%，果肉含维生素C 55~65毫克/100克，味香甜。

（4）生产性能： 一般嫁接3年后进入丰产期，亩产量850~1150公斤。

推广情况

适宜广东粤北山区海拔150~1000米丘陵、山地种植。该品种获河源市科技进步二等奖（2010年）、广东省农业技术推广奖二等奖（2015年）。

常有菠萝蜜

审定编号： 粤审果2008001

品种来源： 从茂港区羊角镇禄段村委会茂名市水果试验场菠萝蜜实生群体中发现的变异单株

育 种 者： 茂名市水果科学研究所，华南农业大学园艺学院

联 系 人： 钟声

特征特性

（1）形态特征： 树势壮旺，枝梢生长健壮而长；叶片椭圆形，偏细，每年抽4~6次新梢；在主干、枝条、近地表侧根均能开花结果，花为雌雄同株异花，雄花为长园形、较小、暗绿色、花小，雌花为圆柱形或椭圆形、较大、表面颗粒状、鲜绿色、花管状；果实中等大、椭圆形，平均单果重4~6公斤，果肉金黄色。

（2）生长特性： 嫁接苗3年开花结果，5~6年后生进入盛产期，经济寿命50年以上。在茂名地区花期从11月中旬至翌年4月中旬，果实发育期130~200天，果实7~8月成熟，属于迟熟品种。抗逆性较强。耐旱、耐寒、耐瘠、适应性强，粗生快长，病虫害较少。

（3）品质特征： 可溶性固形物含量26.88%~28.13%。肉质爽脆清甜、可食部分73.05%以上、熟果无胶、食用不粘手，综合性状优良，品质上等。

（4）生产性能： 植后3年开始投产，4年生平均株产30公斤，5年生平均株产82公斤，5年生最高株产达550公斤。

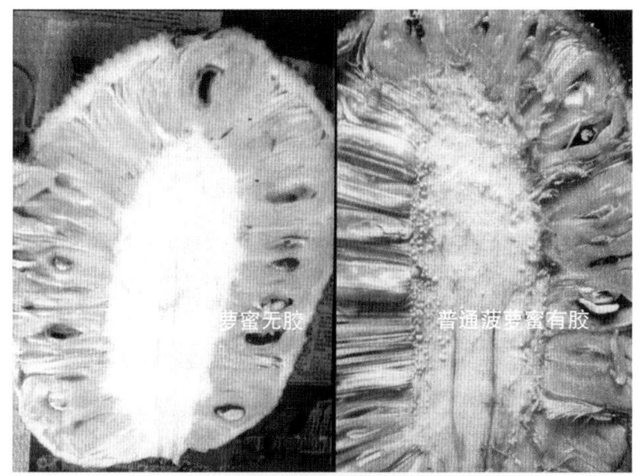

推广情况

适宜广东菠萝蜜产区种植。从2005年起，在茂名市及周边地区大力推广种植，到2016年止，茂名市累计种植面积3万多亩，周边地区种植面积约1万亩。

2010年"常有菠萝蜜的示范种植与推广"获广东省农业技术推广奖三等奖，2011年"常有菠萝蜜的选育与示范推广"获茂名市科学技术进步二等奖。

早香1号板栗

审定编号：粤审果2011001

品种来源：封开县长岗镇“封开油栗”老树实生群体

育 种 者：广东省农业科学院果树研究所，封开县果树研究所

联 系 人：林志雄

特征特性

（1）形态特征：树姿开张，果前枝长。单果（种子）重11.56克，种皮深褐色、有光泽，果肉淡黄色。

（2）生长特性：种植密度每亩30~40株，并按10%比例配置1～2个花期相近的板栗品种作授粉树，均匀分散种植，春芽萌动前是种植最佳时间。早熟，果实在8月中下旬成熟，比对照种封开油栗早熟15天左右。

（3）品质特征：总糖含量4.53%，还原糖含量1.62%，淀粉含量26.40%，蛋白质含量3.62%，脂肪含量0.85%，水分含量48.40%，风味香浓，品质优。

（4）生产性能：种植后第3年开始结果，盛产期亩产200~300公斤。封开试验点2年品比结果，3年生树平均株产2.3公斤，4年生树4.9公斤，比对照种封开油栗增产9.5%～20.0%；3年生亩产92公斤、4年生196公斤，比对照种封开油栗增产9.5%、16.7%。

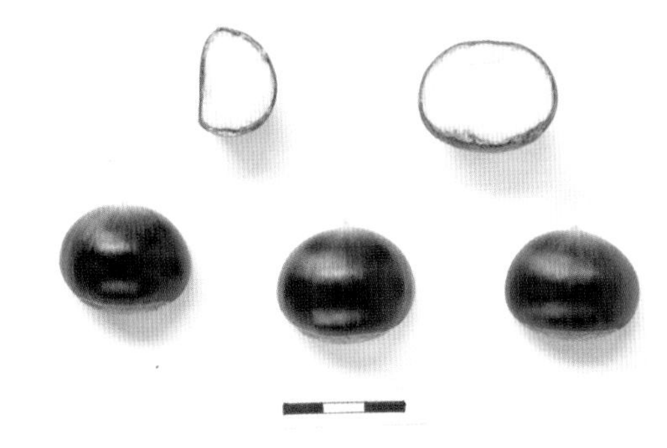

推广情况

适宜广东板栗产区种植，目前已在肇庆、韶关、河源、清远、梅州等地推广种植。

早香2号板栗

审定编号： 粤审果2010009

品种来源： 封开县长岗镇“封开油栗”老树实生群体

育 种 者： 广东省农业科学院果树研究所，封开县果树研究所

联 系 人： 林志雄

特征特性

（1）形态特征： 树姿较直立，结果枝较短。单果（种子）重11.90克，种皮棕褐色，果肉淡黄色。

（2）生长特性： 种植密度每亩30~40株，并按10%比例配置1~2个花期相近的板栗品种作授粉树，均匀分散种植，春芽萌动前是种植最佳时间。早熟，果实在8月中下旬成熟，比对照种“封开油栗”早熟15天左右。

（3）品质特征： 总糖含量4.27%，还原糖含量1.36%，淀粉含量31.4%，蛋白质含量3.40%，脂肪含量1.06%，水分含量48.10%，风味较香浓，品质较优。

（4）生产性能： 种植后第3年开始结果，盛产期亩产200~300公斤。平均株产3年生树为2.4公斤，4年生树为5.1公斤，比对照种封开油栗增产11.1%~25.0%。

推广情况

适宜广东板栗产区种植，目前已在肇庆、韶关、河源、清远、梅州等地推广种植。

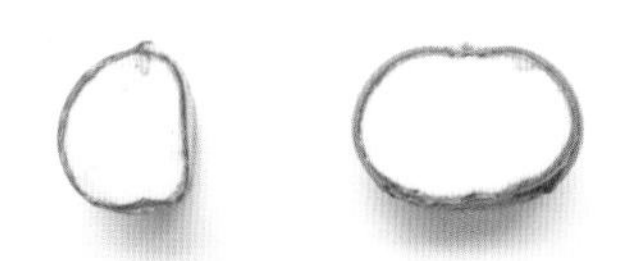

雄银白果

审定编号：粤审果2006012

品种来源：南雄坪田白果母树

育 种 者：仲恺农业工程学院，南雄市白果生产指挥部办公室

联 系 人：梁红

特征特性

（1）形态特征：营养枝生长量大，果枝粗壮，新叶伸展快；叶片绿色扇形，叶缘中部裂口较浅，叶脉二叉状分枝、无网结，叶表面光滑、披蜡质；种子卵圆形披蜡粉，种核扁卵圆形、壳厚、蒂端渐尖、顶端钝尖，种仁淡绿色、多汁、具香味，采收时种胚不明显。种子较大，白果平均单粒重2.24克，成熟时外种皮黄绿色，披蜡粉，表面光滑；种核扁卵圆形，灰白色略带黄褐，向蒂端渐尖，顶端钝尖，壳较厚且坚硬；种仁淡绿色，多汁，具香味，采收时种胚不明显。

（2）生长特性：在南雄2月下旬至3月上旬萌芽，3月下旬至4月中旬开花，8月中下旬果实成熟，10月下旬至11月上旬开始落叶。由于广东银杏产区独特的气候条件，银杏生长较快，其种子采收期较早，种核（白果）淀粉含量较高、糯性大、无苦味、有香气，为优质白果。

（3）品质特征：鲜白果含水分50.5%，含脂肪1.56%、蛋白质3.50%、淀粉19.20%、可溶性糖1.63%、灰分1.20%、维生素C1.47毫克/100克。

（4）生产性能：在南雄5～7年生嫁接树平均株产白果2公斤，折合亩产91.0公斤。

推广情况

适宜年平均温度19.6℃以下，海拔200~800米，土层较厚的山坡地种植。目前主要在广东省南雄市、和平县等地推广种植，累计种植面积达35000亩。2008年广东省农业主导品种，2012年获广东省科学技术三等奖（“雄银白果”银杏新品种的选育、推广与银杏资源开发）。

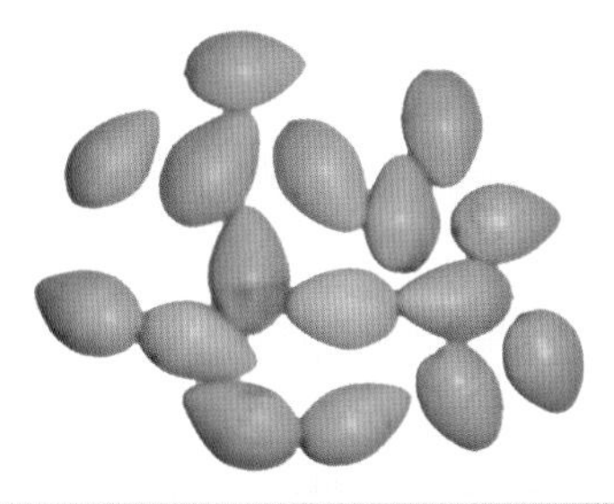

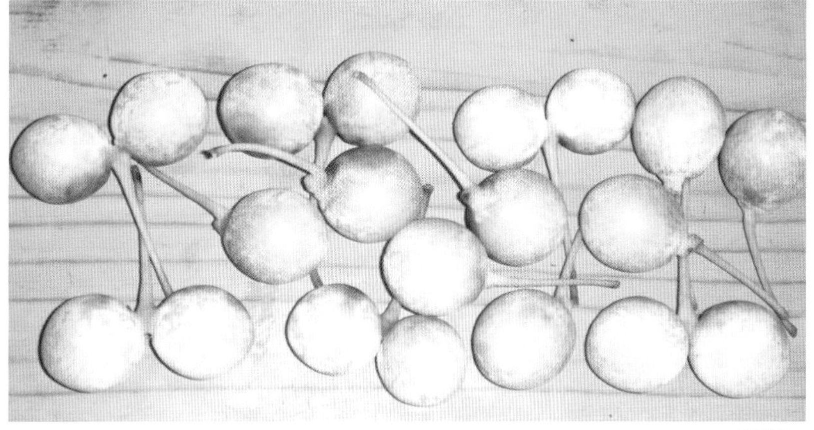

茶树

茶是世界公认的绿色健康饮品。目前全球有60多个产茶国和地区，茶叶产量近600万吨，贸易量超过200万吨，饮茶人口超过20亿人。茶产业已成为很多国家特别是发展中国家的农业支柱产业和农民收入的重要来源，茶文化已成为全世界共同的精神财富。

中国是世界上最大的茶叶生产国和消费国，茶叶是我国最富文化特色的农产品，茶也是中国传统文化的重要载体。广东历来是我国重要的茶叶主产区，六大茶类齐全，特色名茶资源丰富，茶叶产品特色鲜明。2015年，全省茶园面积77万亩（采摘面积70万亩），干毛茶总产量7.92万吨，干毛茶总产值达33.22亿元，在全国18个产茶省中分别居第13位、第9位和第13位。

广东的地理气候条件十分适宜茶树生长，孕育出了丰富且具有岭南特色和品质优异的茶树品种资源。广东省农业科学院茶叶研究所在英德建成了全省乃至华南地区最大的茶树种质资源库，多年来收集和保存了国内外各地品种、野生茶树资源及近缘植物种质资源1800多份，从中筛选出了高叶绿素、高花青素、高茶氨酸、不冬眠芽和苦茶等系列特色特异茶树新品系，选育并通过审定的茶树新品种有17个（国家级10个、省级7个），可可茶1号、可可茶2号获国家植物新品种权，占全省茶树育成品种比例和无性系良种普及率分别达90%以上。特别是选育出了英红九号、岭头单丛、乌叶单丛和丹霞1号、丹霞2号等代表广东名茶的英德红茶、广东单丛茶和韶关白毛茶的当家品种。

英红9号

审定编号：粤审茶1988010

品种来源：从云南大叶群体中采用单株育种法育成

育 种 者：广东省农业科学院茶叶研究所

联 系 人：黄华林

特征特性

（1）形态特征：无性系，乔木型，大叶类，早生种，于1961—1986年从云南大叶群体中采用单株育种法育成。植株高大，树姿半开展，分枝尚密。叶片稍上斜状着生，特大，椭圆形，叶色淡绿，富光泽，叶面隆起，叶身稍内折，叶缘波状，叶尖渐尖，叶齿深锐，叶质厚软。花冠直径3.0~3.5厘米，花瓣7瓣、白色，子房有茸毛，花柱3裂。

（2）生长特性：原产地一芽三叶期在3月下旬。芽叶生育力和持嫩性强，芽叶黄绿色，茸毛少，一芽三叶百芽重130.0克。春茶一芽二叶干样含水浸出物55.2%、氨基酸3.2%、茶多酚21.3%、咖啡碱3.6%。抗寒性较弱，扦插繁殖力较强。

（3）生产性能：芽叶生育力强，产量高，每亩年产干茶达230公斤。适制红茶，品质优良，条索肥壮紧结，色泽乌润显毫，汤色红艳明亮，香气甜香馥郁悠长，滋味甜醇浓厚，叶底红匀明亮；制金毫茶，茸毛密披，香气清幽如兰，滋味鲜浓。

推广情况

适宜华南红茶茶区栽种，宜双行单株种植，每亩栽900~2500株。幼龄期采用分段修剪法培养树冠，高温高湿季节注意防治茶芽病。目前在广东韶关、清远、江门、广州、肇庆、云浮和湛江等地有较大面积栽培，广西、四川、福建、湖南和国外斯里兰卡等有少量引种。截至2017年，共推广种植约6万亩。英红九号条形红茶被定为广东省重点新产品，2014年“鸿雁”牌英红九号荣获广东首届十大名牌农产品评选茶叶类第1名，摘取“广东名茶”桂冠，品牌价值达14.54亿元，全国红茶品牌第3名。2010年广东省农业主导品种。

丹霞1号

审定编号：粤审茶2011001

品种来源：仁化白毛茶野生群体变异株经系统选育而成

育 种 者：广东省农业科学院茶叶研究所，仁化县农业局

联 系 人：吴华玲

特征特性

（1）**形态特征：**无性系，小乔木型，中叶类，中生种。广东北部茶区有较大面积栽培，云南省有少量引种。树姿半开展，分枝尚密。叶片上斜状着生，长椭圆形，叶色深绿，叶背茸毛密而厚，叶面微隆稍内折，叶脉明显，叶缘平，叶齿密锐，叶尖渐尖，叶质厚硬。花单生，花形为单瓣花，花瓣白色5瓣，倒卵圆形，复雌蕊，位于雄蕊群的中央，花柱3浅裂。结实性较弱。

（2）**生长特性：**原产地3月上旬萌动，3月中旬开采。芽叶生育力较强，绿色或黄绿色，肥壮，茸毛特多而长，色泽洁白，一芽三叶长9.52厘米，一芽三叶百芽重157.7克。春茶一芽二叶干样约含水浸出物46.3%、氨基酸4.1%、茶多酚20.8%、咖啡碱3.4%。抗逆性强，夏秋季新梢质地偏硬、持嫩性欠佳，芽头密度中等。

（3）**生产性能：**芽叶生育力较强，产量高，每亩年产干茶169公斤。适制名优红、白茶。制红茶外形秀丽，金毫满披，复合玫瑰香带肉桂香和兰花香浓郁持久，滋味浓爽，汤色红亮；制白茶外形壮直，芽头肥硕，白毫满披、洁白，汤色杏黄明亮，滋味鲜爽、浓醇、回甜，耐冲泡，叶底嫩匀。

推广情况

适宜粤北、粤东和其他大叶种茶区推广种植。截至2017年，在广东韶关、梅州和云南临沧推广种植1万亩，已有广东丹霞天雄茶叶有限公司等进行生产转化，以丹霞1号鲜叶加工的“丹霞玉芽”白茶获得“中茶杯”银奖。“高香型茶树新品种丹霞1号、丹霞2号及其配套技术推广应用”获2012年度广东省农业技术推广奖一等奖；“丹霞1号茶树品种选育及其产业化关键技术研究应用”获2012年度韶关市科技进步一等奖；“高香型红、白茶兼用品种“丹霞1、2号”选育及产业化关键技术创新应用”获第三届中国茶叶学会科学技术奖三等奖；2014、2016、2017年广东省农业主导品种。

丹霞2号

审定编号：粤审茶2011002

品种来源：仁化白毛茶野生群体变异株经系统选育而成

育 种 者：广东省农业科学院茶叶研究所，仁化县红山镇人民政府

联 系 人：吴华玲

特征特性

（1）形态特征：无性系，小乔木型，中叶类，中生种。广东北部茶区有较大面积栽培，云南省有少量引种。树姿半开展。叶片上斜状着生，长椭圆形，叶色绿，叶背茸毛密而厚，叶面微隆，叶身稍背卷，叶缘微波，叶尖渐尖，叶齿密浅，叶质硬。花单生，花形为单瓣花，花瓣乳白色5瓣，倒卵圆形，复雌蕊，位于雄蕊群的中央，花柱3浅裂。

（2）生长特性：原产地最早一批春茶3月上旬萌动，3月下旬开采。芽叶生育力强，绿色或黄绿色，肥壮，茸毛特多，色泽洁白，一芽三叶长8.52厘米、百芽重162.3克。春茶一芽二叶干样约含水浸出物45.5%、氨基酸3.8%、茶多酚18.9%、咖啡碱3.7%。抗逆性强。结实性较弱。

（3）生产性能：芽叶生育力强，产量高，每亩可年产干茶178公斤。适宜制名优红、白茶。制红茶外形秀丽，金毫厚披，复合玫瑰香带兰花香浓郁持久，滋味浓爽芬芳，汤色铜红明亮；制白茶外形挺直，芽头肥硕，白毫洁白厚披，汤色杏黄明亮，滋味浓醇显花香、回甜，叶底匀齐明亮。宜选择土壤湿度较高，土层深厚肥沃的地块种植。短穗扦插繁育难度大，宜采用嫁接繁殖方法推广种植。

推广情况

适宜粤北、粤东和其他大叶种茶区推广种植。截至2017年，在广东韶关、梅州和云南临沧共推广种植6500亩，已有广东丹霞天雄茶叶有限公司等进行生产转化，以丹霞2号鲜叶加工的“丹霞岩红”红茶获得“中茶杯”特等奖。“高香型茶树新品种丹霞1号、丹霞2号及其配套技术推广应用”获2012年度广东省农业技术推广一等奖；“高香型红、白茶兼用品种‘丹霞2号’选育及产业化关键技术创新应用”获2012年度广东省农业科学院科学技术一等奖；“高香型红、白茶兼用品种‘丹霞1、丹霞2号’选育及产业化关键技术创新应用”获第三届中国茶叶学会科学技术奖三等奖；入选广东省农业主导品种。

乌叶单丛

审定编号：粤审茶2003001

品种来源：从有性系凤凰水仙群体中自然变异株经选育而成

育 种 者：广东省农业科学院茶叶研究所，潮安县人民政府

联 系 人：吴华玲

特征特性

（1）形态特征：无性系，小乔木型，中叶类，晚生种。原产广东省潮安县，广东东部茶区有较大面积栽培。树姿开展，分枝尚密。叶片上斜状着生，长椭圆形，叶色深绿，叶面微隆且内折，叶缘波状，叶齿钝而稀浅，叶尖渐尖，叶基楔形，叶质厚且脆。花瓣3~5瓣，子房无茸毛，花柱3裂，雌雄蕊等高。果实为球形。

（2）生长特性：原产地一芽三叶盛期3月上旬。抗逆性、抗虫性强。芽叶黄绿色，茸毛少，一芽三叶长7.45厘米，百芽重110.0克。一芽二叶蒸青样约含水浸出物49.7%、氨基酸4.4%、茶多酚17.8%、咖啡碱3.4%。

（3）生产性能：每亩可采一芽二叶初展鲜叶334.5公斤，折合干茶83.63公斤。适制高档乌龙茶和红茶，具有浓郁的栀子花香和蜜韵。制乌龙茶，外形条索紧直匀整，色黑褐，油润有光泽，香气高锐持久，栀子花香明显，滋味醇爽，回甘强，蜜韵明显，耐冲泡，汤色金黄明亮，清澈，叶底匀整软亮，带红镶边；制高档红茶，外形紧结乌润，花香浓郁持久，滋味浓厚鲜爽显甜韵，汤色深红明亮带金圈，叶底红匀明亮。每年春茶结束后结合轻修剪，深翻土壤并重施有机肥，每亩成年茶园深施优质花生麸饼或豆粕300～500公斤，或生物有机肥300公斤；秋冬季节给茶园灌水或喷灌、滴灌，以促进反季节秋冬茶增产增收。

推广情况

在广东省最低气温高于-2℃、pH值6.5~7.2、无积水和硬底层土壤的茶叶产区均可种植推广。截至2017年，在粤东和云南临沧共推广种植约2万亩，已有潮州市潮安区凤凰南馥茶叶公司等进行生产转化。2016、2017年广东省农业主导品种。

黄叶水仙

审定编号： 粤审茶1988012

品种来源： 从凤凰水仙群体中采用单株育种法育成

育 种 者： 广东省农业科学院茶叶研究所

联 系 人： 黄华林

特征特性

（1）形态特征： 无性系，小乔木型，中叶类，早生种。于1962—1986年从凤凰水仙群体中采用单株育种法育成。植株高大，树姿半开展，分枝较密。叶片稍上斜状着生，披针形，叶色黄绿，富光泽，叶面平，叶身内折，叶缘平，叶尖渐尖，叶齿钝浅，叶质柔软。花冠直径4.0厘米，花瓣白色7瓣，子房茸毛少，花柱3裂。

（2）生长特性： 原产地一芽三叶期在3月中下旬。芽叶生育力和持嫩性强，芽叶黄绿色，茸毛少，一芽三叶百芽重106.4克。春茶一芽二叶干样约含水浸出物56.0%、氨基酸3.1%、茶多酚21.5%、咖啡碱3.4%。

（3）生产性能： 芽叶生育力和持嫩性强，产量高，每亩产干茶约200公斤。适制红茶、绿茶和乌龙茶，品质优良。制红碎茶，颗粒乌黑油润重实，香气高爽，滋味浓强；制绿茶，外形细秀，滋味醇厚，香气纯正；制乌龙茶，汤色黄亮。宜双行单株种植，每亩栽3000株左右。幼龄期采用分段修剪法培养树冠，及时防治小绿叶蝉和螨类。

推广情况

适宜华南茶区推广种植。广东英德、花都、新会、湛江、陆丰、揭西及广西、四川、福建和湖南等地有少量引种。1990年“黄叶水仙茶树良种选育研究”获广东省农业科学院技改奖二等奖。

黑叶水仙

审定编号：粤审茶1988011
品种来源：从凤凰水仙群体中采用单株育种法育成
育 种 者：广东省农业科学院茶叶研究所
联 系 人：黄华林

特征特性

（1）形态特征：无性系，小乔木型，中叶类，早生种。于1962—1986年从凤凰水仙群体中采用单株育种法育成。植株高大，树姿半开展，分枝较密。叶片稍上斜状着生，披针形，叶色深绿，富光泽，叶面平，叶身内折，叶缘平，叶尖渐尖，叶齿钝浅，叶质厚较硬。花冠直径3.0厘米，花瓣白色6瓣，子房茸毛少，花柱3裂。

（2）生长特性：原产地一芽三叶期在4月上旬。芽叶生育力和持嫩性强，芽叶淡绿色，茸毛少，一芽三叶百芽重142.1克。春茶一芽二叶干样约含水浸出物52.5%、氨基酸3.8%、茶多酚19.8%、咖啡碱3.7%。

（3）生产性能：芽叶生育力和持嫩性强，产量高，每亩可产干茶220公斤。适制红茶、绿茶和乌龙茶，品质优良。制红碎茶，色泽棕润，香气高爽，滋味鲜爽；制绿茶，色泽翠绿，滋味醇厚；制乌龙茶，汤色黄亮，滋味清爽显花香。抗寒性、抗旱性强，扦插繁殖力较强，宜双行单株种植，亩栽3000株左右。幼龄期采用分段修剪法培养树冠，及时防治小绿叶蝉和螨类。

推广情况

适宜华南茶区推广种植。广东韶关、清远、湛江、云南和湖南等地有少量引种。1986年“黑叶水仙茶树良种选育研究”获得广东省农业科学院技改奖三等奖

凤凰八仙单丛

审定编号：粤审茶2009001

品种来源：从凤凰水仙群体中经无性系单株选育而成

育 种 者：广东省农业科学院茶叶研究所，广东省农业厅经作处，潮安县凤凰镇人民政府

联 系 人：黄华林

特征特性

（1）形态特征：无性系，小乔木型，中叶类，中生种。于1986—2009年系统选育而成，1986年经广东省农业厅鉴定为凤凰单丛花蜜香型珍贵名丛之一。由于它是从历史上的一株宋代老名丛压条繁育而成，现只存活8株，并在乌崬山上形成“八仙过海”状，故又名“八仙过海”。原产广东省潮安县凤凰茶区，现存的8株第二代名丛，距今已有300多年历史。主要分布在海拔600米以上的凤凰茶区。植株较高大，树姿半开展，分枝密度中等。叶片稍上斜状着生，长椭圆形，叶色深绿，富光泽，叶面微隆，叶身背卷，叶缘波状，叶尖钝尖，叶齿浅密，叶质厚稍脆。花瓣白色6~8瓣，子房茸毛少，花柱3裂。

（2）生长特性：原产地一芽三叶期在5月上旬。芽叶生育力较强，芽叶黄绿色，茸毛少，一芽三叶百芽重110.0克。春茶一芽二叶干样约含水浸出物47.5%、氨基酸3.7%、茶多酚17.5%、咖啡碱3.0%，适制乌龙茶。

（3）生产性能：芽叶生育力较强，产量高，幼龄茶园每亩可产干茶150公斤。制乌龙茶芝兰花香高锐浓郁，滋味醇爽，韵味明显，回甘力强。抗寒性强，扦插繁殖力中等。山地梯级茶园采用单行单株或双行单株种植，每亩栽1000~1200株；旱地茶园每亩栽1200~1800株。注意抑制徒长枝梢，培育相对平整的采摘树冠。

推广情况

适宜广东海拔800~1000米茶区种植，主要分布在广东潮安、梅县及丰顺等地，种植推广面积达3000亩。

凤凰黄枝香单丛

审定编号：粤审茶2000001

品种来源：从凤凰水仙群体名丛中系统选育而成

育 种 者：广东省农业厅经作处，潮州市林业局，潮安县凤凰镇人民政府

联 系 人：潮州市林业局

特征特性

（1）形态特征：无性系，小乔木型，中叶类，早生种。为凤凰单丛花蜜香型珍贵名丛之一，1986—1998年从凤凰水仙群体名丛中系统选育而成，因有明显的黄栀子花香蜜韵而得名。原产广东省潮州市潮安县凤凰茶区，距今已有200多年历史。植株较高大，树姿半开展，分枝密度中等。叶片稍上斜状着生，长椭圆形，叶色黄绿，富光泽，叶面微隆，叶身内折，叶缘平，叶尖钝尖，叶齿浅锐，叶质厚软。花冠直径3.0~4.0厘米，花瓣白色6~8瓣，子房有茸毛，花柱3裂。

（2）生长特性：原产地一芽三叶期在4月下旬。芽叶生育力较强，芽叶黄绿色，茸毛少，一芽三叶百芽重126.7克。春茶一芽二叶干样约含水浸出物52.8%、氨基酸3.0%、茶多酚21.9%、咖啡碱3.4%，适制乌龙茶。

（3）生产性能：芽叶生育力较强，产量高，幼龄茶园每亩可产干茶150公斤。制乌龙茶花蜜香浓郁持久，栀子花香明显，汤色橙黄明亮，滋味浓醇回甘。抗寒性强，扦插繁殖力中等，宜采用双行单株或单行双株条植，每亩栽3000株左右。采用分段修剪法适时定型修剪，投产前期以养为主，采养结合，促进分枝。

推广情况

适宜广东海拔600~800米茶区种植，主要分布在广东潮安、罗定、湛江、英德、乳源、佛冈、梅县及丰顺等地，广西有少量引种。

五岭红

审定编号：国审茶2002004

品种来源：于1971—1993年从英红1号自然杂交后代中采用单株育种法育成

育 种 者：广东省农业科学院茶叶研究所

联 系 人：黄华林

特征特性

（1）形态特征：二倍体无性系，小乔木型，大叶类，早生种，植株高大，树姿开展，分枝密。叶片稍上斜状着生，椭圆形，叶色深绿，富光泽，叶面隆起，叶身内折，叶缘波状，叶尖渐尖，叶齿锐深，叶质厚软。花冠直径3.0~4.0厘米，花瓣白色6瓣，子房有茸毛，花柱3裂。

（2）生长特性：原产地一芽三叶期在3月下旬至4月上旬。芽叶生育力和持嫩性强，抗寒性较弱，抗旱性较强，芽叶黄绿色，茸毛少，一芽三叶百芽重138.0克。春茶一芽二叶干样约含水浸出物46.3%、氨基酸3.5%、茶多酚18.7%、咖啡碱3.6%。

（3）生产性能：芽叶生育力和持嫩性强，产量高，每亩可产干茶150公斤，适制红茶，品质优良。制红碎茶色泽乌润，颗粒重实，汤色红艳，滋味浓强鲜活，香气鲜高持久，显花香。扦插繁殖力较强，宜双行单株种植，每亩栽3000株左右。幼龄期采用分段修剪法培养树冠，干旱季节注意螨类防治。适宜华南和西南部分红茶茶区种植。

推广情况

广东英德、南雄、广州、新会、罗定、湛江及四川、湖南、广西等地有少量引种。2001年“高香优质大叶红茶品种秀红、五岭红选育研究”获广东省科学技术三等奖。

秀红

审定编号： 国审茶2002003

品种来源： 于1971—1993年从英红1号自然杂交后代中采用单株育种法育成

育 种 者： 广东省农业科学院茶叶研究所

联 系 人： 黄华林

特征特性

（1）形态特征： 无性系，小乔木型，大叶类，早生种。植株高大，树姿半开展，分枝较密。叶片稍上斜状着生，椭圆形，叶色深绿，富光泽，叶面隆起，叶身稍内折，叶缘微波状，叶尖渐尖，叶齿锐深，叶质厚软。花冠直径3.0~4.0厘米，花瓣白色7瓣，子房茸毛中等，花柱3裂。

（2）生长特性： 原产地一芽三叶期在3月下旬至4月上旬。芽叶生育力和持嫩性强，抗寒性和抗旱性较强，芽叶黄绿色，茸毛中等，一芽三叶百芽重120.0克。春茶一芽二叶干样约含水浸出物52.1%、氨基酸4.1%、茶多酚23.9%、咖啡碱4.2%。

（3）生产性能： 芽叶生育力和持嫩性强，产量高，每亩可产干茶120公斤，适制红茶，品质优良。制红碎茶，颗粒紧结棕润，滋味浓烈鲜活，香气高锐显花香。扦插繁殖力较强，宜双行单株种植，每亩栽3000株左右。幼龄期采用分段修剪法培养树冠，干旱季节注意螨类防治。

推广情况

适宜华南和西南部分红茶茶区种植。广东英德、南雄、广州、新会、罗定、湛江及四川、湖南、广西等地有少量引种。2001年“高香优质大叶红茶品种秀红、五岭红选育研究”获广东省科学技术三等奖。

鸿雁1号

审定编号：国品鉴茶201002

品种来源：于1990—2003年从铁观音自然杂交后代中采用单株育种法育成

育 种 者：广东省农业科学院茶叶研究所

联 系 人：黄华林

特征特性

（1）形态特征：无性系，灌木型，中叶类，早生种。植株高大，树姿开展，分枝尚密。叶片稍上斜状着生，椭圆形，叶色深绿，叶面微隆，叶身平，叶缘微波状，叶尖渐尖，叶齿密浅，叶质较脆。花冠直径3.0~3.3厘米，花瓣白色6~8瓣，子房中等，花柱3裂。结实性中等。

（2）生长特性：原产地一芽三叶期在3月中旬。芽叶生育力强，抗寒、旱及小绿叶蝉能力强，芽叶绿色带紫，茸毛少，一芽三叶百芽重74.0克。春茶一芽二叶干样约含水浸出物50.7%、氨基酸2.1%、茶多酚23.7%、咖啡碱3.2%。

（3）生产性能：芽叶生育力强，产量高，每亩可产干茶152公斤，适制绿茶和乌龙茶，品质优良。制乌龙茶花香高浓持久，滋味浓爽滑口，汤色黄绿明亮，叶底嫩匀；制绿茶外形细秀翠绿，香气高爽，滋味浓醇爽口，汤色黄绿明亮。宜双行单株种植，每亩栽3000株左右。幼龄期适当加强水分管理，提高成活率，采用一年多次修剪法培养树冠。小绿叶蝉发生高峰期，适当采取防治措施。

推广情况

适宜广东、广西、湖南、福建等省区种植。广东英德、连平、开平及广西、湖南、福建等地有少量引种。

鸿雁7号

审定编号：国品鉴茶2010021

品种来源：于1990—2003年从八仙茶自然杂交后代中采用单株育种法育成

育 种 者：广东省农业科学院茶叶研究所

联 系 人：黄华林

特征特性

（1）形态特征：无性系，小乔木型，中叶类，早生种。植株高大，树姿开展，分枝尚密。叶片稍上斜状着生，长椭圆形，叶色深绿，叶面微隆，叶身内折，叶缘波状，叶尖渐尖，叶齿较密，叶质较脆。花冠直径3.0~3.5厘米，花瓣白色6~8瓣，子房茸毛中等，花柱3裂。结实性中等。

（2）生长特性：原产地一芽三叶期在3月中旬。芽叶生育力强，抗寒、旱及小绿叶蝉能力强，芽叶淡绿色，茸毛中等，一芽三叶百芽重164.0克。春茶一芽二叶干样约含水浸出物53.0%、氨基酸2.4%、茶多酚21.5%、咖啡碱3.2%。

（3）生产性能：芽叶生育力强，产量高，每亩可产干茶163公斤，适制绿茶和乌龙茶，品质优良。制乌龙茶花香浓郁高长，滋味浓爽含香；制绿茶嫩香高浓，滋味浓醇，汤色黄绿明亮。宜双行单株种植，每亩栽3000株左右。幼龄期适当加强水分管理，提高成活率，采用一年多次修剪法培养树冠。小绿叶蝉发生高峰期，适当采取防治措施。

推广情况

适宜广东、广西、湖南、福建等省区种植。广东英德、连平、从化、开平及广西、湖南、福建等地有少量引种。

鸿雁9号

审定编号：国品鉴茶2010019

品种来源：于1990—2003年从八仙茶自然杂交后代中采用单株育种法育成

育 种 者：广东省农业科学院茶叶研究所

联 系 人：黄华林

特征特性

（1）**形态特征**：无性系，小乔木型，中叶类，早生种。植株高大，树姿开展，分枝尚密。叶片稍上斜状着生，长椭圆形，叶色深绿，叶面隆起，叶身平，叶缘微波状，叶尖渐尖，叶齿较锐，叶质较脆。花冠直径3.0～3.3厘米，花瓣白色6～8瓣，子房茸毛中等，花柱3裂。结实性中等。

（2）**生长特性**：原产地一芽三叶期在3月中旬。芽叶生育力强，抗寒、旱及小绿叶蝉能力强，芽叶淡绿色，茸毛中等，一芽三叶百芽重136.0克。春茶一芽二叶干样约含水浸出物54.3%、氨基酸2.3%、茶多酚23.4%、咖啡碱3.0%。

（3）**生产性能**：芽叶生育力强，产量高，每亩可产干茶178公斤，适制绿茶和乌龙茶，品质优良。制乌龙茶花香高浓持久，滋味浓爽滑口，汤色橙黄明亮，叶底嫩匀；制花香绿茶外形绿润，香气持久显花香，滋味浓醇含香，汤色叶底黄绿明亮。宜双行单株种植，每亩栽3000株左右。幼龄期适当加强水分管理，提高成活率，采用一年多次修剪法培养树冠。小绿叶蝉发生高峰期，适当采取防治措施。

推广情况

适宜广东、广西、湖南、福建等省区种植。广东英德、连平、从化、开平及广西、湖南、福建等地有少量引种。

鸿雁12号

审定编号：国品鉴茶2010020

品种来源：从铁观音自然杂交后代中单株分离、系统选育而成

育 种 者：广东省农业科学院茶叶研究所

联 系 人：黄华林

特征特性

（1）形态特征：无性系，灌木型，中叶类，早生种。植株高大，树姿开展，分枝尚密。叶片稍上斜状着生，长椭圆形，叶色深绿，叶面微隆，叶身平，叶缘微波状，叶尖渐尖，叶齿密浅，叶质较硬脆。花冠直径3.0～3.3厘米，花瓣白色6~8瓣，子房中等，花柱3裂。结实性中等。

（2）生长特性：原产地一芽三叶期在3月中。芽叶生育力强，芽叶绿色带紫，茸毛少，一芽三叶百芽重74.0克。春茶一芽二叶干样约含水浸出物52.5%、氨基酸2.1%、茶多酚23.2%、咖啡碱3.5%。抗寒、旱及小绿叶蝉能力强。

（3）生产性能：芽叶生育力强，产量高，每亩可产干茶145公斤，适制绿茶和乌龙茶，品质优良。制乌龙茶花香高浓持久，滋味浓爽滑口，汤色黄绿明亮，叶底嫩匀；制花香绿茶外形绿润，香气持久带花香，滋味浓醇鲜爽，汤色和叶底绿明亮。宜双行单株种植，每亩栽3000株左右。幼龄期适当加强水分管理，提高成活率，采用一年多次修剪法培养树冠。小绿叶蝉发生高峰期，适当采取防治措施。

推广情况

适宜广东、广西、湖南、福建等省区种植。广东英德、连平、开平、湛江等地分布较多，广西、湖南及福建等省区有少量引种，至2017年推广种植面积达8000亩。“低海拔地区高香型茶树新品种产业化关键技术”获2014年度湛江市科学进步一等奖；2014年广东省农业主导品种。

鸿雁13号

审定编号：国品鉴茶2014010

品种来源：从铁观音自然杂交后代中单株选育而成

育 种 者：广东省农业科学院茶叶研究所

联 系 人：黄华林

特征特性

（1）形态特征：无性系，灌木型，中叶早芽种。树姿半开展，分枝较密。叶长椭圆形，叶色墨绿，叶尖渐尖。

（2）生长特性：粤北一芽三叶盛期在3月中旬。芽叶绿色，持嫩性强，茸毛少，一芽三叶百芽重72克。春茶一芽二叶含茶多酚31.84%、氨基酸2.20%、咖啡碱2.89%、水浸出物45.58%、儿茶素总量16.24%。抗寒性、抗旱性和抗虫性较强，适应性好。

（3）生产性能：芽叶持嫩性强，产量高，3~5年树龄茶园平均每亩年产鲜叶329.1公斤，比福建水仙高23.0%。制乌龙茶花香浓郁高长，汤色金黄明亮，滋味浓爽，口齿含香；试制绿茶品质优。宜双行双株种植，亩植3000株左右。幼龄期采用一年多次修剪法培养树冠。加强肥水管理，有机肥为主，氮肥为辅，有利品质香气的积累。小绿叶蝉发生高峰期，适当采取防治措施。

推广情况

适宜广东、广西、湖南、福建等省区种植。广东英德、连平、从化、开平及广西、湖南、福建等地有少量引种。

岭头单丛

审定编号：国审茶2002002

品种来源：从凤凰水仙群体茶园中采用单株育种法育成

育 种 者：饶平县坪溪镇人民政府

联 系 人：饶平县农业局

特征特性

（1）形态特征：又名白叶单丛、铺埔单丛。无性系，小乔木型，中叶类，早生种。植株较高大，树姿半开展，分枝中等。叶片稍上斜状着生，长椭圆形，叶色黄绿，富光泽，叶面平，叶身内折，叶缘平，叶尖渐尖，叶齿钝浅，叶质较厚软。花冠直径3.0~4.0厘米，花瓣白色7瓣，子房茸毛中等，花柱3裂。

（2）生长特性：原产地一芽三叶期在3月中下旬。芽叶生育力较强，抗寒性强，芽叶黄绿色，茸毛少，一芽三叶百芽重121.0克。春茶一芽二叶干样约含水浸出物56.7%、氨基酸3.9%、茶多酚22.4%、咖啡碱2.7%。

（3）生产性能：芽叶生育力较强，产量高，每亩可产干茶150公斤，适制乌龙茶、红茶和绿茶。制岭头单丛茶花蜜香浓郁持久，有"微花浓蜜"特韵，滋味醇爽回甘，汤色橙黄明亮；制红茶、绿茶，滋味浓郁，香气特高，有特殊香味。扦插繁殖力强，宜采用双行单株或单行双株条植，每亩栽3000株左右。

推广情况

为广东省乌龙茶区的主栽品种，全省种植面积超过20万亩。其中饶平县岭头单丛茶种植面积达6万多亩，年产量5500吨，农业产值1亿元；种植农户3万户，各类茶叶加工企业400多家，各类销售茶店2000多家。海南、广西、福建等地也有一定的种植面积。岭头单丛茶在全省推广后，已有很多单位生产岭头单丛乌龙茶产品，在历年的茶叶评比活动中获得国家及省名优茶、特等奖、金奖等称号，为广东乌龙茶生产与发展做出了巨大贡献。1992年"岭头单丛茶高产优质栽制综合技术"获广东省农业技术推广奖一等奖，2003年"岭头单丛茶绿色食品AA级产品开发管理体系建设"获广东省农业技术推广奖二等奖。

白毛2号

审定编号：国品鉴茶2010023

品种来源：从乐昌白毛茶群体中采用单株育种法育成

育 种 者：广东省农业科学院茶叶研究所

联 系 人：黄华林

特征特性

（1）形态特征：无性系，小乔木型，中叶类，早生种。植株高大，树姿半开展，分枝尚密。叶片稍上斜状着生，椭圆形，叶色淡绿，叶面微隆，叶身内折，叶缘波状，叶尖渐尖，叶齿密浅，叶质较硬脆。花冠直径3.0～4.0厘米，花瓣白色7～8瓣，子房茸毛多，花柱3裂。结实性中等。

（2）生长特性：原产地一芽三叶期在3月下旬。芽叶生育力强，抗寒性中等，芽叶淡绿色，茸毛特多，一芽三叶百芽重85.5克。春茶一芽二叶干样约含水浸出物51.5%、氨基酸2.4%、茶多酚20.0%、咖啡碱3.3%。

（3）生产性能：芽叶生育力强，产量高，每亩可产干茶190公斤。适制红茶、绿茶和乌龙茶，品质优良。制乌龙茶兰花香浓郁高长，滋味醇厚回甘；制银毫茶毫香高长，滋味浓醇爽口；制花香绿茶花香高长，滋味浓爽，汤色黄绿明亮；制金毫红茶、红碎茶表现滋味浓爽，汤色、叶底红亮。宜双行单株种植，每亩栽3000株左右。幼龄期适当加强水分管理，提高成活率，采用一年多次修剪法培养树冠。小绿叶蝉发生高峰期，适当采取防治措施。

推广情况

适宜广东、广西、湖南、福建等省区种植。广东北部、西部、东部茶区和广西、贵州等省区有少量引种。

云大淡绿

审定编号： 国审茶2002005

品种来源： 从云南大叶群体中采用单株育种法育成

育 种 者： 广东省农业科学院茶叶研究所

联 系 人： 黄华林

特征特性

（1）形态特征： 二倍体无性系，乔木型，大叶类，早生种。植株高大，树姿半开展，主干显，分枝密度中等。叶片水平状着生，长椭圆形，叶色深绿，富光泽，叶面微隆起，叶身平，叶缘微波状，叶尖渐尖，叶齿钝浅，叶质较厚软。花冠直径3.0～4.0厘米，花瓣白色5～6瓣，子房茸毛中等，花柱3裂。

（2）生长特性： 原产地一芽三叶期在3月下旬至4月上旬。芽叶生育力和持嫩性强，抗寒性较弱，芽叶黄绿色，茸毛少，一芽三叶百芽重130.0克。春茶一芽二叶干样约含水浸出物53.8%、氨基酸4.6%、茶多酚18.3%、咖啡碱3.5%。

（3）生产性能： 芽叶生育力和持嫩性强，产量高，每亩可产干茶130公斤。适制红茶，品质优良。制红碎茶，色泽棕褐油润，汤色红艳，滋味浓强，香气高长似花香。扦插繁殖力较强，宜双行单株种植，每亩栽3000株左右。幼龄期采用分段修剪法培养树冠，干旱季节注意螨类防治。

推广情况

适宜华南和西南部分红茶茶区种植，主要分布在广东英德、南雄、罗定和湛江等地。广西龙州、桂林和贵州湄潭等地有少量引种。

可可茶1号

国家植物新品种权号： 20080020

品种来源： 从广东南昆山毛叶茶群体的可可茶野生植株选育获得

育 种 者： 中山大学，广东省农业科学院茶叶研究所

联 系 人： 黄华林

特征特性

（1）形态特征： 无性系，乔木型，大叶类，为天然只含可可碱、不含咖啡碱的特异茶树品种。植株高大，有明显的主干，分枝较密，树势半开张；嫩枝有浅黄色短柔毛，顶芽细锥形，长5~7毫米，被灰白色柔 毛；叶半上斜，革质，厚，长圆形，长7~3厘米，宽3~4.5厘米，先端短尖，尖头钝，基部楔形，叶上面深绿色，干后无光泽，叶下面干后灰绿色，有贴伏浅黄色短柔毛，中脉与侧脉在两面皆明显隆起，侧脉9~12对，叶缘波状，锯齿较浅，齿刻相距1~4毫米，叶柄长7~10毫米，有浅黄色短柔毛；芽叶绿，茸毛多；1芽3叶长可达10.4厘米，百芽重可达210克；花1~2朵，腋生，花柄长5~8毫米，有浅黄色柔毛；苞片3，散生于花梗上，卵形，被毛，早落；萼片5，近圆形，长4毫米，背面有浅黄色柔毛，内面被疏柔毛。

（2）生长特性： 适宜海拔500~1200米，年平均气温19~20℃，1月平均气温16~19℃，绝对最低温度-2℃以上；适宜生长在pH值4.5~5.5的土壤。

（3）生产性能： 芽叶含可可碱，不含咖啡碱，不会兴奋神经，不影响入睡。适制乌龙茶和红茶。制红茶，条索紧结粗壮，油润度好，满身披毫，具有独特花果香，芬芳持久，汤色红浓明亮，滋味浓厚鲜强，叶底匀齐，肥厚明亮；制乌龙茶，其香气在乌龙茶的蜜感甜韵的基础上，增加了其独有的花果香，使香气更加馥郁丰富，沁人心脾，汤色金黄明亮，滋味醇浓爽口，回甘持久。宜选择土壤湿度较高、土层深厚肥沃的地块种植。短穗扦插繁育难度大，宜采用嫁接繁殖方法推广种植。

推广情况

已开发出红茶产品。

可可茶2号

国家植物新品种权号：20080021

品种来源：从广东南昆山毛叶茶群体中的可可茶野生植株选育获得

育 种 者：广东省农业科学院茶叶研究所，中山大学

联 系 人：黄华林

特征特性

（1）形态特征：无性系，乔木型，大叶类，天然只含可可碱、不含咖啡碱的特异茶树品种。有明显的主干，树势半开张，分枝密；嫩枝有浅黄色短柔毛，顶芽细锥形，长5~7毫米，密被浅黄色柔毛；叶半上斜，叶稍内褶，叶色浅绿，叶质常柔软，叶肉较厚，革质，厚，长圆形，长7~13厘米，宽3~5厘米，先端短尖或渐尖，尖头钝，基部楔形，叶上面深绿色，干后无光泽，叶下面干后灰绿色，有贴伏短 柔毛，中脉与侧脉在两面皆明显隆起，侧脉9~12对，叶缘波状，锯齿疏锐，齿刻相距1~5毫米，叶柄长7~10毫米，有浅黄色短柔毛；芽叶黄绿，茸毛多；花1~2朵，腋生，花柄长5~8毫米，有浅黄色柔毛；苞片3，散生于花梗上，卵形，被毛，早落；萼片5，近圆形，长4毫米，背面有浅黄色柔毛，内面被疏柔毛；花瓣5~7瓣，倒卵形，长1~1.2厘米，分离，背面被浅黄色柔毛，内面无毛；雄蕊离生，花丝长约1.2厘米，无毛；子房3室，密被灰色柔毛，花柱长 12毫米，顶端3浅裂，中部以下有毛；蒴果圆球形，直径2.5厘米，被毛，1~3室，每室种子1~2粒，种子半球形，长2厘米，果皮厚1毫米；花期8~11月。

（2）生长特性：适宜海拔500~1200米，年平均气温19~20℃，1月平均气温16~19℃，绝对最低温度-2℃以上；适宜生长在pH值4.5~5.5的土壤。

（3）生产性能：芽叶含可可碱，不含咖啡碱，不会兴奋神经，不影响入睡。适制红茶，茶汤汤色红艳明亮，香气为果香型，滋味浓强鲜爽，叶底红亮。宜选择土壤湿度较高，土层深厚肥沃的地块种植。短穗扦插繁育难度大，宜采用嫁接繁殖方法推广种植。

推广情况

已开发出红茶产品。

桑树

广东蚕桑生产有悠久的历史文化和优越的气候地理条件，但随着土地、人工等成本的快速上升，传统劳动密集型产业的竞争力在弱化。广东蚕桑生产主要集中在粤西、粤北和西江流域3个产业带，优势产区主要包括粤北的韶关、云浮、清远，粤西的阳江、湛江、茂名，西江流域的肇庆等地市，以上地区蚕桑产量占全省的比重超过99%。目前全省实有桑地面积约3.5万公顷，其中超过1000公顷的地市有云浮、茂名、阳江、清远、韶关、湛江等6市。

广东是蚕桑生产大省，面对国内“东桑西移”和国际高品质茧丝产品引领市场的形势，广东蚕丝业必须不断坚持品种和技术创新，开拓蚕桑多元化应用，研发蚕桑资源新产品，挖掘丝绸历史文化，创新种桑养蚕模式，加强上下游产业的整合发展，做大做强“广东品牌”，蚕桑产业才能保持良好可持续发展。

塘10×伦109桑树

审定编号：农业部〔1989〕农函字第30号

品种来源：塘10/伦109

育 种 者：广东省农业科学院蚕业与农产品加工研究所

联 系 人：唐翠明

特征特性

（1）形态特征：该品种为二倍体杂交桑，树型直立，群体整齐，发条数多，枝条细长而直，皮灰褐色及青灰色，节间距3.5厘米，叶序2/5，皮孔圆形和椭圆形。冬芽短三角形，尖离，褐色，副芽少。叶心形和长心形，翠绿色，叶尖长尾状，叶缘钝齿，叶基浅心形，叶长18.0～25.0厘米，叶幅15.0～20.0厘米，较薄，叶面光滑无皱，光泽较弱，叶片平伸或稍下垂。

（2）生长特性：广州地区栽培发芽期1月中旬，开叶期2月中上旬，属早生早熟品种。春季每米枝条产叶量120～150克，秋季每米枝条产叶量100～130克。封顶偏早，叶片硬化偏早。较耐旱耐贫瘠，易感青枯病。

（3）生产性能：成林桑园每亩年产鲜桑叶2600～3500公斤，春叶可溶性糖含量为5.6%～7.5%，粗蛋白含量为27.1%～28.2%。饲养两广二号蚕品种，100公斤桑叶产茧量春季7.0～7.6公斤、秋季8.3～8.7公斤，年亩桑产茧180～230公斤。

推广情况

适宜热带、亚热带地区种植。已在广东、广西、四川、湖南、湖北、重庆、江西、云南等省（区、市）大面积应用近30年。

沙二×伦109桑树

审定编号：通过农业部认定（1990年）
品种来源：沙二/伦109
育 种 者：顺德市农业科学研究所
联 系 人：陈华寿

特征特性

（1）形态特征：该品种为二倍体杂交桑，树型直立，群体整齐，发条数多，枝条细长而直，皮灰褐色，节间距3.8厘米，叶序1/2和2/5，皮孔圆形和椭圆形。冬芽短三角形，尖离，褐色，副芽少。叶心形和长心形，翠绿色，叶尖长尾状，叶缘钝齿，叶基浅心形，叶长17.0~25.0厘米，叶幅16.0~20.0厘米，较薄，叶面光滑无皱，光泽较弱，叶片平伸或稍下垂。

（2）生长特性：早生早熟，顺德市栽培发芽期1月中旬，开叶期2月中上旬。春季每米枝条产叶量115~150克，秋季每米枝条产叶量110~130克。封顶偏早，叶片硬化偏早。较耐旱耐贫瘠，易感青枯病。

（3）生产性能：成林桑园每亩年产鲜桑叶2500~3500公斤，春叶可溶性糖含量为5.3%~7.6%，粗蛋白含量为27.3%~28.0%。饲养两广二号蚕品种，100公斤桑叶产茧量春季6.8~7.5公斤、秋季8.2~8.5公斤，年亩桑产茧170~235公斤。

推广情况

适宜热带、亚热带地区种植。已在广东、广西、四川、湖南、湖北、重庆、江西、云南等省（区、市）大面积应用近30年。

抗青283×抗青10桑树

审定编号：通过广东省农作物品种审定委员会认定（1994年）

品种来源：抗青283/抗青10

育 种 者：湛江市蓖麻蚕科学研究所

联 系 人：江志勇

特征特性

（1）形态特征：树型高大，树冠紧凑，发条数多，枝条长微弯曲，皮灰褐色，节间距短，叶序2/5，皮孔多，圆形。冬芽三角形，紧贴枝条，褐色，有副芽。叶心形，绿色，叶尖锐头，叶缘乳头锯齿，叶基截形，叶长18.0厘米，叶幅14.0厘米，叶面光滑微皱，光泽较强，叶片稍向上斜伸，叶柄较短。雄花多，雌花少，椹少，紫色。

（2）生长特性：早生早熟，湛江市栽培发芽期1月中旬，开叶期2月中上旬。对蓟马、桑粉虱、叶螨等刺吸式昆虫的抵抗能力较弱，中抗青枯病。

（3）生产性能：成林桑园年亩产鲜桑叶2500～3200公斤，年亩桑产茧170～200公斤。

推广情况

适宜热带、亚热带桑树青枯病疫区种植。已在广东、广西桑青枯病疫区大面积应用。

抗青10号桑树

审定编号：粤审蚕桑1995001

品种来源：湛02/化53

育 种 者：湛江市蓖麻蚕科学研究所

联 系 人：江志勇

特征特性

（1）**形态特征**：树型高大，枝条粗长而直，稍开展，嫩梢向阳面淡红色，顶芽弯曲，皮灰褐色，皮孔圆而多，节间直，节距稍疏，冬芽褐色三角形，芽尖离生，副芽少。叶序1/3，叶片大，心形，叶青绿色，偶有裂叶，叶尖锐头，叶缘钝锯齿，叶底平截，叶柄短，雌雄同株，雄花多，雌花极少，花穗少，着花稀疏，花粉少，发芽早，生长快，桑叶成熟早，发条数多，侧枝稍少。

（2）**生长特性**：早生早熟，湛江市种植发芽期1月中旬，开叶期2月上中旬。根原体发达，插条成活率高。耐瘠，耐剪伐，高抗青枯病，耐寒性较弱。

（3）**生产性能**：桑叶产量比广东荆桑增产15.0%以上，成林桑园年亩产鲜桑叶2400～3200公斤，年亩桑产茧160～190公斤。

推广情况

适宜热带、亚热带桑树青枯病疫区种植。已在广东、广西桑青枯病疫区大面积应用。

粤桑11号

审定编号：粤审桑2006003

品种来源：69/粤诱162

育 种 者：广东省农业科学院蚕业与农产品加工研究所

联 系 人：唐翠明

特征特性

（1）形态特征：为多倍体杂交桑品种。皮色灰褐，节间距4.5～6.0厘米，叶序2/5，皮孔圆形、椭圆形和纺锤形。冬芽长三角形，尖歪离生。叶心形和长心形，翠绿色，叶尖长尾状，叶缘钝齿和乳头齿，叶基心形和肾形，叶长25.0～33.5厘米，叶幅22.0～30.0厘米，单叶重8.0～11.5克，叶肉厚，叶面粗糙有波皱，光泽较弱，叶片平伸或稍下垂。顶芽壮，黄绿色。

（2）生长特性：广州市栽培发芽期1月中旬，开叶期2月上中旬。群体整齐，发芽早，发条数多，枝条直，再生能力强，耐剪伐，耐旱、适应性广。春季每米枝条产叶量150～180克，秋季每米枝条产叶量120～150克。春桑叶可溶性糖含量为7.33%～9.53%，粗蛋白含量为27.2%～28.2%。封顶偏早，叶片硬化偏早。弱抗青枯病。

（3）生产性能：华南地区亩栽4000株，盛产期年亩桑产鲜叶量3700～4200公斤，在同等栽培条件下桑叶产量比塘10×伦109增产15.0%～35.0%。饲养两广二号蚕品种，粤桑11号100公斤桑叶产茧量春季7.5～8.0公斤、秋季9.0～9.5公斤，同等条件下比塘10×伦109高6.0%～10.5%。年亩桑产茧量220～290公斤，比塘10×伦109高20%以上。

推广情况

适宜热带、亚热带地区种植，用于养蚕、畜禽、菜用等多用途，已被印度、越南、泰国、埃及、土耳其、古巴、缅甸等国家引进应用。广东、广西、海南、湖南、湖北、四川、重庆、江西、山东、河南、云南等省（区、市）已大面积应用。2006、2017年广东省农业主导品种。

粤桑51号

审定编号：粤审桑2013001

品种来源：优选02/粤诱A03-112

育 种 者：广东省农业科学院蚕业与农产品加工研究所

联 系 人：唐翠明

特征特性

（1）形态特征：为多倍体杂交桑品种。皮灰褐色，节间距4.0～5.8厘米，叶序2/5和3/8，皮孔圆形、椭圆形和纺锤形。冬芽棕褐色，长三角形，尖离，副芽多。叶心形和长心形，翠绿色，叶尖长尾状，叶缘锯齿状和钝齿状，叶基心形和肾形，叶长25.0～32.0厘米，叶幅20.0～29.0厘米，单叶重8.0～12.0克，叶肉厚，叶面粗糙有波皱，光泽较弱，叶片平伸或稍下垂。

（2）生长特性：群体整齐，发芽早，枝条直，发条能力强，生长快，耐剪伐，耐旱、适应性广。广州市栽培，发芽期1月中旬，开叶期2月上中旬。春季每米枝条产叶量150～200克，秋季每米枝条产叶量120～160克。春桑叶可溶性糖含量为7.33%～9.53%，粗蛋白含量为27.5%～29.0%。顶芽壮，黄绿色和淡紫色。封顶偏早，叶片硬化偏早。感青枯病。

（3）生产性能：华南地区亩栽4000株，盛产期年亩桑产鲜叶3800～4300公斤，在同等栽培条件下桑叶产量比塘10×伦109增产15.0%以上。饲养两广二号蚕品种，粤桑51号100公斤桑叶产茧量春季7.5～8.2公斤、秋季8.8～9.6公斤，同等条件下比塘10×伦109高6.0%以上。年亩桑产茧量220～300公斤，比塘10×伦109高20%以上。

推广情况

适宜热带、亚热带地区种植。已在广东、广西、四川、重庆、江西、云南等省（区、市）大面积应用。2014—2017年广东省农业主导品种。

粤椹大10

审定编号：粤审桑2006001

品种来源：大10母树

育 种 者：广东省农业科学院蚕业与农产品加工研究所

联 系 人：唐翠明

特征特性

（1）形态特征：树型稍开展，发条力强，枝条细长而直。成熟果圆筒形，紫黑色，无籽，汁多，口感风味佳。叶心形，翠绿色，叶尖长尾状，叶缘锐齿，叶基心形，叶长20.0～24.0厘米，叶幅17.0～20.0厘米，叶面光滑微皱，光泽弱，叶片稍下垂，叶柄粗短，叶序1/2。休眠期枝条皮色青灰色，节间直，节距4.8厘米，皮孔圆或椭圆形，冬芽三角形、尖离、棕色，副芽大而多。

（2）生长特性：广州市栽培冬芽发芽期1月中旬，盛花期1月中下旬，桑果盛熟期3月中下旬，果长径2.5～6.2厘米，横径1.3～2.0厘米，平均单果重4.4克。鲜果出汁率70.0%～84.0%，鲜榨果汁可溶性固形物9.0%～13.0%，可滴定酸2.13~5.69克/升，花青素957.2～1230.2毫克/升，维生素C1.0～1.2毫克/100克。感桑椹菌核病和青枯病。

（3）生产性能：座果率92%以上，单芽坐果数3～8粒，平均4.7粒/芽,平均单果重4.4克，1米枝条产果量430~610.0克，盛产期亩产鲜果1500公斤以上。

推广情况

适宜珠江流域及长江以南等热带、亚热带地区种植。已在广东、广西、海南、湖南、湖北、陕西、四川、重庆、北京、上海、浙江、江苏、福建、江西、山东、河南等省（区、市）大面积应用。粤椹大10深加工代表性产品品牌为“宝桑园”桑果汁、桑果酒。2006、2017年广东省农业主导品种。

粤椹74

审定编号：粤审桑2016001

品种来源：塘10/选851

育 种 者：广东省农业科学院蚕业与农产品加工研究所

联 系 人：唐翠明

特征特性

（1）形态特征：树型直立稍开展，发条力强，枝条粗长，节间直。叶长心形，叶柄粗长，叶色深绿，叶基深心形，叶缘细锯齿状，叶尖长尾状，具2列叶序和5列叶序，叶长22.0～28.0厘米，叶幅16.0～21.6厘米，叶面光滑，光泽较强。休眠期枝条皮色紫褐色，节距4.2厘米，皮孔圆或椭圆形，冬芽长三角形，紫褐色，芽大，腹离，副芽大而多。成熟果圆筒形，紫黑色，酸甜可口，风味独特。

（2）生长特性：广州市栽培冬芽发芽期1月下旬，盛花期2月上旬，桑果盛熟期3月下旬。果粒匀整，果长径3.5～5.0厘米，横径1.5～2.0厘米，平均单果重5.3克，1米枝条产果量450～625克。鲜果出汁率70.0%～78.0%，鲜榨果汁可溶性固形物9.0%～14.0%，可滴定酸4.53～7.36克/升，花青素1375.3～1487.6毫克/升，维生素C 1.8～2.2毫克/100克。感桑椹菌核病。

（3）生产性能：座果率95%以上，单芽坐果数3～8粒，平均5.2粒/芽，果粒匀整，果长径3.5～5.0厘米，横径1.5～2.0厘米，平均单果重5.3克，1米枝条产果量450～625克，盛产期亩产鲜果1600公斤以上。

推广情况

适宜珠江流域及长江以南等热带、亚热带地区种植，已在广东、广西、云南、四川、重庆、江西等省（区、市）推广种植。广州花都、清远、韶关、茂名、湛江、佛山南海、江门等地建立了种植示范基地。该品种已获得国家植物新品种保护权。

粤椹28

审定编号： 粤审桑2017001

品种来源： 塘10/选851

育 种 者： 广东省农业科学院蚕业与农产品加工研究所

联 系 人： 唐翠明

特征特性

（1）形态特征： 树型直立稍开展，发条力中等，枝条粗长，节间直。叶长心形，叶柄粗长，叶色深绿，叶面稍皱，光滑，有光泽，叶基浅心形，叶缘细圆齿状，叶尖短尾状，具5列叶序和8列叶序，叶长25.0～30.0厘米，叶幅18.0～21.3厘米，叶面光滑，光泽较强。花柄长，花蕊短花柱。休眠期枝条皮色棕褐色，节距5.3厘米，皮孔圆形或椭圆形，冬芽短三角形，棕褐色，腹离，副芽小而少。成熟果圆筒形，紫黑色，口感清甜，风味独特。

（2）生长特性： 广州市栽培冬芽发芽期1月下旬，盛花期2月上旬，桑果盛熟期3月下旬。果粒匀整，果长径3.8～6.5厘米，横径1.8～2.1厘米，平均单果重6.4克。鲜果出汁率75.0%～80.0%，鲜榨果汁可溶性固形物9.0%～13.2%，可滴定酸5.10～5.65克/升，花青素1292.5～1471.2毫克/升，维生素C 1.5～2.0毫克/100克。感桑椹菌核病。

（3）生产性能： 座果率90%以上，单芽坐果数3～7粒，平均4.3粒/芽,果粒匀整，果长径3.8～6.5厘米，横径1.8～2.1厘米，平均单果重6.4克，1米枝条产果量470～650克，盛产期亩产鲜果1500公斤以上。

推广情况

适宜珠江流域及长江以南等热带、亚热带地区种植，已在广东、广西等省（区）推广种植。广州花都、清远、韶关、江门等地建立了种植示范基地。该品种已获得国家植物新品种保护权。

地方特色品种

数千年来，勤劳的南粤人民筚路蓝缕，以启山林，发掘、引进并选育出数以千计的优秀地方品种，保留了大量的农作物种质资源，为人类文明的发展和延续做出了突出贡献。

在水稻地方品种方面，学界历来有稻作文明起源于我国华南地区的说法，广东英德牛栏洞遗址的发现，首次将岭南地区稻作遗存的年代前推至距今1.2万年前。广东关于水稻品种记载，首见于西晋郭义恭《广志》。宋代早期，从占城引进早熟耐旱的占城稻。从明代开始，有粘稻和糯稻两个类型，粘稻有籼稻和粳稻两种，糯稻又有籼糯（小糯）和粳糯（大糯）两种，而且品种逐渐增多，潮州府有赤早、白早、乌种、早秫、白粘、赤脚占等；韶州府有云南占、鼠牙占、蕉糯、重阳糯，还有粳稻等品种；琼州府有饭米品质的百箭、香杭、乌芝、珍珠、早禾、占稻等，酒米品质的黄鳣、黄鸡、乌鸦、老头、九里香等。清代水稻品种约有387个，仅以早籼为例：潮汕地区有银鱼早、乌叶早、花罗占等；东江地区有珍珠早、加庆早等；兴梅地区有百日早、冷水白等；西江一带有冷水占、马尾齐等；粤北地区有三百粒、广占、谷堆等；粤西地区有夏至白、田基度、矮仔仆等；珠江三角洲有马卵王、新兴白等。

在蔬菜地方品种方面，元代，蔬菜品种有60余种。清道光年间，上市蔬菜有叶菜类、根茎类、辛菜类、瓜类、蕈类、耳类和海产类等共86种。民国初期记录了57个品种的播种期、收获期和产量等资料。

广东果树资源丰富，是柑橘、荔枝、香蕉、大蕉、龙眼的原产地之一。早在2000年前，广东已有果树栽培。宋代以后，果树生产有较大发展，北部有柑、橘、橙、香橼，南部有香蕉、荔枝、龙眼、柑、橘、橙、柚、橄榄等。

广东是中国荔枝栽培品种最多的省份，由于自然杂交、变异或嫁接遗传等因素，种类繁多，品种复杂。广东荔枝栽培最早见于汉代。自宋代以后，研究荔枝品种的有郑熊、蔡襄、宋珏、曹蕃、徐火勃、陈鼎、邓道协、陈定九、吴应逵等，均著有荔枝谱。晋代郭义恭《广志》记载，荔枝有焦核、春花、胡偈和鳖卵等4个品种。北宋郑熊《广中荔枝谱》是一部广东最早的荔枝专著，记载有玉英子、焦核、沈香、丁香等22个品种。

元代陈大震《南海志》(1304年)记述了60个荔枝品种。清代吴应逵《岭南荔枝谱》记载全省荔枝53个品种。

广东为中国龙眼的原产地之一。汉武帝元鼎六年(公元前111年)广东已有龙眼栽培。广东龙眼品种(品系)较多。清赵古农《龙眼谱•自序》(1825年)记载，龙眼有十叶、蜜糖埕、秋风子、孤圆等4个品种。1980—1983年，省农科院果树研究所收集了20多个品种(品系)。

新中国成立后，广东高度重视地方品种保护和资源挖掘工作，先后整理出水稻、番薯、蔬菜、果树地方品种近2000份，在满足人民生活方面做出了重大贡献。但是，随着气候、自然环境、种植业结构和土地经营方式的变化，很多经过长期自然选择和人工培育获得的繁多而宝贵的品种资源，大多数未形成规模化生产，甚至有大量地方品种迅速消失或濒临消失，致使许多具有重要潜在利用价值的种质基因资源无法恢复。近年来，广东大力发展区域特色农产品，通过国家地理标志产品申报和广东名牌农产品评选等手段，极大地提升和保护了广东地方农作物的品牌价值。鉴于此，本名录中将部分优秀地方农产品列入其中，虽然部分品种目前并未得到大规模推广，以期推动广东地方农作物品种的保护和利用。

耙齿萝卜

品种来源：鹤山市地方品种
联 系 人：江门市农业局

特征特性

（1）形态特征：植株半直立。株高50～60厘米，开展度约40厘米。板叶，叶片倒披针形，长35厘米，宽10厘米，绿色，叶缘波状，叶柄浅绿色。肉质根圆柱形，纵径约25厘米，横径4.5厘米，露出土面约1/2，皮、肉白色。

（2）生长特性：一般从8月份开始种植耙齿萝卜，每年种3造，每造的生长周期约45天。早熟，播种至收获约55天。耐热、耐湿性强。

（3）品质特性：肉质硬，味辣，纤维较多，品质中。

（4）生产性能：单根重约200克，亩产2000～3000公斤。

推广情况

主栽于江门鹤山市及广州市郊等地。

吴厝淮山

品种来源：揭阳市揭东区玉湖镇吴厝村地方品种

联 系 人：揭阳市揭东区农业局

特征特性

（1）形态特征：粮菜药兼用作物，地上部长茎蔓，地下部长块茎。茎圆棱形，单年生无刺，多年生有刺；叶色深绿，叶表光滑，有光泽；叶腋生零余子（可作种子）；薯呈长圆柱形，一般长52～80厘米；表皮呈土褐色，皮薄，较光滑，细须根生长稀疏。

（2）生长特性：以夏植为主，即6～7月种植，次年2～3月开始收获，并一直持续到国庆节前后，全年都有上市。

（3）品质特性：肉质洁白、鲜脆，结构紧密、细嫩，含丰富的黏质液体；熟化后香味清甜，口感具有特别粉、细嫩、糯、黏、清甜等特色。鲜薯水分含量为58.6%，淀粉含量28.9%，蛋白质含量3.14%，维生素C、钙、磷、铁的含量分别为0.985、1.79、14.6、0.212毫克/100克。

（4）生产性能：平均单株重1.5~2.0公斤，亩产2500~3000公斤。

推广情况

揭阳市揭东区新亨镇、揭西县大溪镇等镇区种植面积3.3万亩，本省茂名市和江西省、海南省等地也有种植。2011年获得国家地理标志保护产品认证。

细叶粉葛

品种来源：广东地方品种

联 系 人：佛山市高明区农林渔业局

特征特性

（1）形态特征：植株缠绕蔓生。茎圆形，被黄褐色茸毛。叶间长约11厘米。叶为三出复叶，小叶近三角形，叶较小，长约8厘米，宽约9厘米，深绿色，叶柄长约10厘米，浅绿色。块根近纺锤形，沟纹少而不明显，表皮皱褶，黄白色，肉白色。

（2）生长特性：中晚熟，生长期270～300天。耐旱性强，不耐涝。

（3）品质特性：纤维少，味甜，品质优良。

（4）生产性能：单株结葛2～3条，单株产量2.5～3.0公斤。

推广情况

合水粉葛选用品种即为细叶粉葛，常年种植面积1.2万亩左右（年产量2.04万吨）。2007年获得国家地理标志保护产品认证。2015年被列入广东省首届名特优新农产品名录。

炭步槟榔香芋

品种来源：广州市花都区炭步镇地方品种

联 系 人：广州市农业局

特征特性

（1）形态特征：原产广州市花都区炭步镇。株高110～150厘米。叶簇直立。叶片阔卵形，长40～50厘米，宽35～40厘米，先端较尖，叶基心形，深绿色，叶片中央与叶柄相连部位及叶脉紫红色；叶柄绿色。球茎长椭圆形，深褐色，肉白色，有紫红色斑纹，形似槟榔花纹。

（2）生长特性：晚熟，生长期240～280天，耐旱性较其他品种差，耐贮。

（3）品质特性：球茎淀粉含量20.7%～21.9%，蛋白质含量1.3%～2.1%，还原糖含量0.6 %左右，粗纤维含量0.6%～0.7%。淀粉含量高，香味浓，故名香芋。

（4）生产性能：母芋大，呈椭圆筒形，长20～30厘米，圆周径40～55厘米，皮薄呈棕黄色，单个母芋重1.4～5.6公斤，子芋长卵形，每株子芋6～10个，单株2.5～3.0公斤。平均亩产1750公斤。

推广情况

主要分布在广州市花都区炭步镇炭步居委、民主村、鸭一村、鸭湖村、平岭头村、水口村、步云村、石湖村、石南村、红峰村、布溪村等27个村。全镇种植面积约2000亩。2013年获得国家地理标志保护产品认证。

徐闻良姜

品种来源：徐闻县地方品种

联 系 人：徐闻县农业局

特征特性

（1）形态特征：（徐闻良姜学名高良姜）姜科植物，多年生草本，高30～80厘米，根茎圆柱状，横走，棕红色或紫红色，有节，节处具环形膜质鳞片，节上生根。茎丛生，直立。叶2列，无柄，叶片狭长状披针形，长15～30厘米，宽1.5～2厘米，先端尖，基部渐狭，全缘或具不明显的疏钝齿，两面无毛；叶鞘开放，报茎，边缘膜质，叶舌长可达3厘米，挺直、膜质、渐尖、棕色。圆锥形总状花序，顶生，长5～15厘米，花稠密；小苞片宿存，膜质，棕色，环形至长圆形，外面批疏毛；花两性，具短柄；萼筒状，长7～14厘米，3个浅圆裂，棕黄色，外面批短毛；花粉管漏斗状，长约1厘米，浅红色，外面批疏柔毛；唇瓣矩卵形至矩状广卵形，浅红色。中部具紫红色条纹，长2～2.5厘米；侧生退化雄蕊锥状，1个雄蕊，花丝粗，药隔膨大，先端阔，2裂层叉形；子房下位，3室，花柱细长，基部下方具3个合生的圆柱形蜜腺，长约3毫米，柱头2唇状。蒴果不开裂，球形，直径约1.2厘米，披短毛，成熟时橘红色。种子具假种皮，有钝棱角，棕色。主要品种有牛姜种、蜜窝种和鸡姜种。

（2）生长特性：花期为4～10月，种植后3～4周年收获。

（3）品质特性：外观为圆柱形，粗壮结实，质地坚硬，纤维性明显，断面姜肉凸出，表皮呈棕红色，气味芳香浓烈。一等干品表面棕红色，质地坚硬，断面纤维性，中心有环纹，长度2.5～4.0厘米，直径1.0厘米以上，气味芳香;二等干品表面灰棕色，质地坚硬，断面纤维性，中心有环纹，长度2.5～4.0厘米，直径0.5厘米以上1.0厘米以下，气味芳香。含挥发油0.5%~1.5%，其中主要成分为1.8-桉叶素和桂皮酸甲脂，尚有丁香油酚、蒎烯、毕澄茄烯等。

（4）生产性能：亩产量高达4000多公斤。

推广情况

徐闻县共种植良姜4.6万多亩，占全国产量90%以上。2006年获得国家地理标志保护产品认证。

细叶韭菜

品种来源：广州市地方品种

联 系 人：广州市农业局

特征特性

（1）形态特征：细叶韭菜（软尾）为广州市郊农家品种，栽培历史悠久。株高37厘米，开展度40厘米。叶片细小狭长，较薄而弯垂，长27厘米，宽0.5厘米，浅绿色。假茎长10厘米，横径0.5厘米，白色。花茎长35厘米，横径0.4厘米，绿色。

（2）生长特性：早熟，播种至采收约280天。软化韭黄较快。分蘖力强，抽薹早，6月可采收花茎（韭菜花）。耐热、耐旱、耐雨、耐寒、抗风、抗虫力较强。

（3）品质特性：味香浓，品质好，富含多种维生素和钙、磷、铁等矿物质。

（4）生产性能：产量较高，年亩产韭青5000公斤、韭黄650公斤、韭花200公斤。

推广情况

主产于广州市白云区江高镇廖江村，种植面积约2000亩。近年来罗定市船步镇引进推广。

开平金山火蒜

品种来源：开平市地方品种

联 系 人：开平市农业局

特征特性

（1）形态特征：株高约60厘米，假茎高约28厘米，粗约0.9厘米。全株叶片数15～16片，最大叶长约32厘米，最大叶宽约2.1厘米。蒜头长扁圆形，最大横径3～4厘米，最小横径2.7厘米，外皮淡紫色，平均每头重10克左右。每个蒜头有7～10个蒜瓣，4～5层，每层多为1个蒜瓣。蒜衣2层，紫红色，平均单瓣重1.5克左右，在当地不抽薹或半抽薹。

（2）生长特性：当地一般10月上旬播种，翌年3月上中旬收获蒜头，生育期140～150天。

（3）品质特性：蒜衣绛红，肉质瓷白，生辛辣熟甘甜，胶质丰润。除食用外，还可作药制品（对结核、伤寒、霍乱、赤痢有杀菌功力，对感冒、百日咳、钩虫蛲虫病有特效）。

（4）生产性能：每亩鲜蒜产量1000公斤。

推广情况

开平市种植约1000亩。

鹤斗奶白小白菜

品种来源：新会地方品种

联 系 人：广州市农业局

特征特性

（1）形态特征：株型矮，株高12～15厘米，开展度25～27厘米。叶近圆形，长12～13厘米，宽13厘米，深绿色，有光泽，叶面皱，全缘；叶柄肥厚，匙羹形，长8～9厘米，宽4～5厘米，肉厚1.2厘米，白色。花茎叶无柄，抱茎或半抱茎。复总状花序，完全花，花冠黄色，4花瓣成十字形排列。异花授粉，虫媒花。长角果；内有种子多数，成熟时易开裂。种子近圆形，红褐和黑褐色，千粒重1.5～2.2克，发芽力可保持3～4年。

（2）生长特性：早熟，生长期30～40天，抗病性及耐热性较好。

（3）品质特征：纤维少，口感甜脆，品质优，为奶白类型的上品。

（4）生产性能：单株重190克，亩产量1300~2000公斤。

推广情况

广东省各县市均有种植。

增城迟菜心

品种来源：增城地方品种

联 系 人：广州市农业局

特征特性

（1）形态特征：又名高脚菜心。株高60厘米，开展度55厘米。基叶12～15片。叶长卵形，长58厘米，宽26厘米，淡绿色；叶柄长32厘米，宽2.5厘米，淡绿色。主薹高约50厘米，横径3～4厘米，薹叶10～12片，长卵形，淡绿色。植株高大，分枝力强。基叶长卵形、卵形，淡绿色，叶面皱，背部叶脉明显，叶缘波状缺刻，叶柄匙形，粉白色或青白色，薹叶长卵形，淡绿色，菜薹粗壮，有沟纹，叶面、叶柄、菜薹披白粉状物。

（2）生长特性：冬天种植和收成，播种至初收100天左右。冬性强，晚抽薹。田间表现抗逆性较好，生势旺盛。

（3）品质特性：菜质鲜嫩、香脆、爽甜、风味独特。

（4）生产性能：主薹重约500克，亩产量1500～1700公斤。

推广情况

广州市各区，其中地理标志产品保护产地范围为广州市增城区派潭镇、小楼镇、正果镇、中新镇、朱村街道办事处、荔城街道办事处、增江街道办事处7个镇街现辖行政区域。2010年被列入国家地理标志保护产品。

水东芥菜

品种来源：茂名市电白区地方品种

联 系 人：茂名市农业局

特征特性

（1）形态特征：因产于茂名市电白区水东镇彭村地区而得名。株高26～30厘米，开展度26～28厘米，叶长25～28厘米，宽15～18厘米，青绿色，叶片平滑，叶脉明显，叶缘微波状，基部锯齿状，具短柄，叶柄扁宽，长约5厘米、宽2.5～3厘米、厚0.5厘米，白色。单株重150～220克。当生长出第7片真叶后，开始抽薹，叶片向心微弯，略呈半抱合状，叶柄向内弯曲呈匙羹状。

（2）生长特性：早熟，播种至初收32～35天（高温季节约38天），生长期40～45天。生势强，耐热、耐风雨。

（3）品质特性：纤维少、质脆嫩，味甘甜鲜美，略带清香，非常可口，品质极佳。

（4）生产性能：每年平均种植4造，每造平均亩产1500公斤。

推广情况

电白区年种植面积达到5万亩。2007年获得国家地理标志保护产品认证。

三水黑皮冬瓜

品种来源：佛山市三水区地方品种

联 系 人：佛山市三水区农林渔业局

特征特性

（1）形态特征：植株蔓生，蔓长450～500厘米，生长势较强，分枝力强。第一雌花着生在主蔓12～15节，以后每隔4～5节着生雌花，经常连续着生雌花2～3朵，以主蔓结瓜为主。冬瓜呈长圆柱形，瓜长50～60厘米，瓜肩宽23厘米左右，皮色墨绿，带白色茸毛，头尾匀称，皮硬肉厚，瓜肉白色致密，瓜瓤少。

（2）生长特性：晚熟，从播种至采收120~150天。极耐贮运。耐热、耐旱，不耐涝，适应性广。抗病能力较强。

（3）品质特性：总糖含量为1.47%～1.77%，蛋白质含量0.36%～0.46%；每100克可食用部分镁含量4.69～6.89毫克，锌含量0.0517～0.0905毫克，维生素C含量23.1～24.4毫克，还含有微量的硒。

（4）生产性能：单瓜重15公斤左右，最重可达20公斤以上，亩产达5000公斤以上。

推广情况

在三水区常年种植面积达4万亩。2016年获得国家地理标志保护产品认证。

短度水瓜

品种来源：广州市地方品种

联 系 人：广州市农业局

特征特性

（1）形态特征：广州本地品种。生长势强，根系发达，茎五棱，叶掌形，侧蔓多。叶长15厘米，宽15～20厘米，深绿色。主蔓第1雌花节位第25～35节。主侧蔓均可结果，坐果性好。瓜皮深绿色，有光泽，有少量瘤状突起，商品瓜圆筒形，上下匀称，瓜长18～25厘米，横径约4.5厘米。

（2）生长特性：适播期3~5月，播种至初收50～75天，延续采收60～150天。

（3）品质特性：肉质较紧实，品质较好，不耐贮运。

（4）生产性能：单果重250～300克，一般亩产3000公斤。

推广情况

广州市增城、从化、番禺、南沙区零星种植。

中度水瓜

品种来源：广州市地方品种

联 系 人：广州市农业局

特征特性

（1）形态特征：生势强，侧蔓多。叶深绿色，第一雌花节位27～31节，主侧蔓均可结果，坐果性好。瓜皮深绿色，有光泽，有少量瘤状突起，果实瓜圆筒形，上下较匀称，长25～30厘米，横径约4.5厘米，头尾匀称，瓜条直，尾部圆，瓜蒂小。种子多为黑色，少为米黄色。

（2）生长特性：播种期分为春、秋种植，春季为1月初至2月中旬，秋季为6～7月播种。广州地区以春播为主，播种至始收45～75天，延续采收60～150天，耐涝，较耐寒，较抗枯萎病。

（3）品质特性：肉质较紧实，品质较好，不易变褐。

（4）生产性能：单果重300～350克，亩产3500公斤。

推广情况

广州市各区均有种植，南沙、番禺区有规模栽培。

江门大顶苦瓜

品种来源：江门市地方品种

联 系 人：江门市农业局

特征特性

（1）形态特征：植株生长势强，侧蔓多，主蔓长4米。叶长15厘米，宽18厘米，青绿色，主蔓第8～14节着生第1雌花，以后间隔3～6节着生1雌花。主蔓和侧蔓都能结果。果实长15厘米，肩宽10厘米，短圆锥形。果皮色青绿，有光泽，瘤状突起粗。

（2）生长特性：生势强，适应性强，较耐寒，耐肥，忌涝，抗病性稍差。早熟，以春播为宜，春季播种至初收80～110天，延续采收50天；秋季播种至初收50天，延续采收30天。

（3）品质特性：肉厚1.0～1.3厘米，味甘，苦味较小，品质优良。

（4）生产性能：单果重250～400克，亩产1000～1500公斤。

推广情况

2013年获得国家地理标志保护产品认证。

新丰佛手瓜

品种来源：引进品种

联 系 人：韶关市农业局

特征特性

（1）形态特征：多年生攀援性宿根草本植物。根为弦线状须根，侧根粗长，第2年后可形成肥大块根；茎为蔓性，长10米以上，分枝性强，节上着生叶片和卷须；叶互生，叶片与卷须对生，叶片呈掌状五角形，叶全缘、绿色或深绿色；雌雄同株异花，异花传粉，虫媒花；果实梨形，有明显的纵沟5条，瓜顶有一条缝合线，果色为绿色至乳白色，单瓜重250～500克，果肉白色；种子扁平，纺锤形，无休眠期。

（2）生长特性：3月中旬至4月初定植，5月下旬至11月下旬采摘。喜温、耐热、不耐寒。生长适温为12～25℃，适于中等光强，耐阴；要求空气湿润；适于在土质肥沃和保肥保水力强的土壤上生长。

（3）品质特性：瓜皮嫩绿、无杂色。口感爽脆、甘甜。单瓜重量(鲜瓜)≥300克。可溶性糖≥3.2%，膳食纤维≥4.0%。

（4）生产性能：亩产3000～5000公斤，高者可达6500公斤。

推广情况

新丰佛手瓜地理标志产品保护产地范围为广东省新丰县黄礤镇、丰城镇、梅坑镇、沙田镇等4个镇所辖行政区域。其中黄礤镇佛手瓜种植面积达400多公顷，平均年产量3万多吨。2010获得国家地理标志保护产品认证。

簕菜

品种来源：恩平市地方品种

联 系 人：恩平市农业局

特征特性

（1）形态特征：多年生攀援灌木，为五加科五加属植物，通常高2～5厘米，树皮灰白色，枝疏生扁平、先端为勾状的下向刺。掌状复叶互生，有长柄；小叶通常有3片，偶有4片或5片，中央一片最大，椭圆状卵形或长卵形，很少有倒卵形，长4～10厘米，宽2.5～4.5厘米；顶端短尖，基部楔形，扁圆有细锯齿或疏锯齿，无毛或脉上疏生刺毛，侧脉每边4～6条。夏、秋季开花，花黄绿色，组成伞形花序，3至多个伞形花序组成复伞形花序或圆锥花；花萼有5齿；花瓣有5片，呈三角形，开花时反曲；雄蕊5，雌蕊单一，子房下位，2室；花柱2个，合生至中部，中部以上分离，开展。果期一般在11～12月，果扁球形，成熟时黑色，直径约5毫米，千粒重14克。

（2）品质特性：口味独特，甘凉爽口，带有清香微苦，脆爽味道。簕菜营养成分丰富，含粗蛋白0.46%、粗纤维2.2%、维生素C 128毫克/100克、钾530毫克/100克、钠5毫克/100克、磷57.3毫克/100克、钙366毫克/100克。

（3）生产性能：一般用于鲜食或制茶，亩产量约1000公斤。

推广情况

目前恩平市可利用簕菜资源达到5万多亩，人工种植恩平簕菜近8000亩。2015年获得国家地理标志保护产品认证。

新垦莲藕

品种来源：广州市地方品种

联 系 人：广州市农业局

特征特性

（1）形态特征：浅水藕，较耐咸水。株高150～200厘米，叶直径70厘米，较厚，深绿色，叶脉明显，叶窝较深，被蜡质；叶柄黄绿色，有刺。母藕长80厘米，具4～5节，节间肥短，第2藕节长15厘米，横径7厘米，孔道较大，皮较厚，有锈斑。单藕重1.3公斤左右。

（2）生长特性：早熟，生长期150天左右。

（3）品质特性：藕形美观，品质较优。

（4）生产性能：亩产量800~1000公斤。

推广情况

广州市白云区、番禺区、南沙区种植面积约1000公顷。2010年获得国家地理标志保护产品认证。

北乡马蹄

品种来源：韶关市地方品种

联 系 人：韶关市农业局

特征特性

（1）形态特征：多年水生草本，作一年生栽培。以球茎繁殖。地上的叶状茎丛生直立，管状，绿色，内有隔膜，中空。叶退化，以丛生的叶状茎地行光合作用。地下分生多数匍匐茎，先端积累养分膨大而成球茎。球茎扁圆形，皮红褐色或黑灰褐色。芽短紧凑，脐部较平整，单果重≥25克。

（2）生长特性：6～7月防热育苗，7～8月定植，12月到翌年1月收获。

（3）品质特性：肉质脆嫩、清甜化渣，水分≥80%，蔗糖≥5%，蛋白质≥1.2%，粗纤维≤3.5%。

（4）生产性能：亩产量1500～2500公斤。

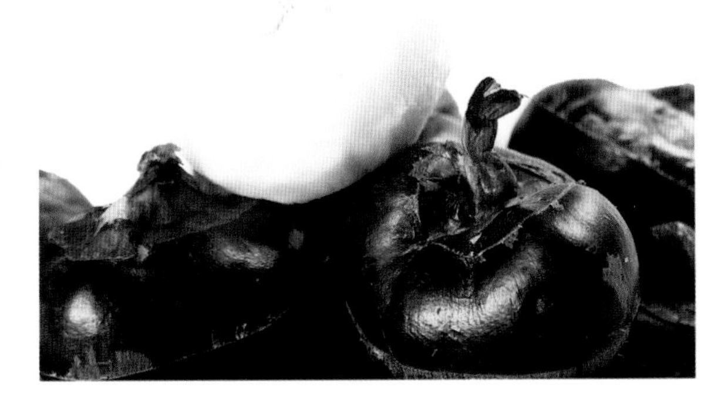

推广情况

地理标志产品保护范围为广东省乐昌市乐城街道办、北乡镇、廊田镇等3个镇、街道办现辖行政区域，种植面积约1万亩。2009年获国家地理标志保护产品认证。

阳山洞冠梨

品种来源： 清远市地方品种

联 系 人： 阳山县科技和农业局

特征特性

（1）形态特征： 原产广东阳山县洞冠乡，树姿属直立型，树冠为纺锤形，主干灰褐色，叶片阔卵圆形，先端渐尖或急尖，页面光滑，富光泽，呈暗绿色。幼叶浅黄而略带降红，叶缘为波状锯齿状，每序花3～5朵，花冠白色或粉红。

果实扁圆或近圆形，果枝粗短，果实较大，平均单果重805.5克。果实横径10～16厘米，纵径9～12厘米，皮薄，黄褐色至浅红褐色，果点较粗，果心特细或退化为小圆点状的痕迹，果肉厚，乳白色，石细胞少，肉质细嫩爽脆。种子少，且多为退化。

（2）品质特性： 果实可食率88%，可溶性固形物含量12%，全糖含量7.22%，酸含量0.08%，果肉含维生素含量C 0.81毫克/100克。

推广情况

1986年同冠梨被评为广东省优质水果品种。

鹰嘴蜜桃

品种来源：广东地方品种

联 系 人：连平县农业局

特征特性

（1）形态特征：树冠开张，枝条较直立，叶长椭圆形、锐尖。果实大圆形，平均纵径6.1厘米，横径5厘米，果实顶部似“鹰嘴”，被形象地称为鹰嘴桃。果面绿色，阳面有红晕，有茸毛，缝合线明显。

（2）生长特性：2月下旬初花至3月上旬开花，花期持续时间一般为15～20天。

（3）品质特性：是我国南方蜜桃硬肉系优良品种。果肉厚，淡黄白色，近核处微红色，肉质较脆，清甜可口、汁多、有蜜味。果实可食率86%，可溶性固形物含量9%~15%，全糖含量8.88%、酸含量0.16%，果肉含维生素C 1.41毫克/100克。

（4）生产性能：单果重100～140克，大的可达250克。

推广情况

种植面积1万多亩。2015年获得国家地理标志保护产品认证。

三华李

品种来源：翁源县地方品种

联 系 人：韶关市农业局

特征特性

（1）形态特征：三华李品种有大蜜李、鸡麻李、小蜜李等品系。树形高大，树冠开张。枝条生长较旺，新梢较粗，光滑无毛，初为淡红色，后转淡红褐色。叶片大而厚，长倒卵形，有细锐锯齿。果较大，椭圆形或扁圆形，果顶突出，一般单果重45～75克，平均单果重47.6克，成熟时果面有红色网纹，充分成熟时为紫红色，表皮披灰白色果粉，果肉深红色，核小肉厚。

（2）生长特性：2月上旬开花，花量多，花小，白色。以花束状短果枝挂果为主。果实一般于6月中下旬成熟。

（3）品质特性：肉质爽脆，无渣，清甜可口，有微香，品质优良。果实可食率97%，含可溶性固形物12%～13%、全糖6.49%、酸0.98%，果肉含维生素C 1.14毫克/100克。

（4）生产性能：一般定植后4年即可结果，7年后进入丰产期，单株产量50公斤左右，最高株产150公斤以上。

推广情况

主要分布于信宜市钱排镇、茶山镇、贵子镇、和平县的下车镇等，另原产地为翁源县三华镇、龙仙镇、江尾镇、坝仔镇等；信宜市三华李种植面积达20多万亩，翁源县三华李种植面积近3万亩。2010年获得国家地理标志保护产品认证。

封开油栗

品种来源：封开县地方品种

联 系 人：封开县农业局

特征特性

（1）形态特征：落叶性乔木，树冠开张。果实总苞饱满，内有种仁1～3粒，较少3粒。种仁表皮薄，红褐色，有光泽，极少绒毛，种粒大。

（2）生长特性：采收期为8月下旬至10月上旬。

（3）品质特性：单粒果仁重约15克，肉色蛋黄，糯性中等，具香味，不易变腐，耐贮藏。果实出仁率84.3%。种仁淀粉含量54.20%，还原糖含量0.49%，蔗糖含量23.39%，粗蛋白含量9.95%。

推广情况

2015年底封开县种植面积12.8万亩，产量9300吨。2013年获得国家地理标志保护产品认证。

新会柑

品种来源：江门市地方品种

联 系 人：江门市农业局

特征特性

（1）形态特征：茶枝柑（俗称新会广陈柑、陈皮柑、新会大红柑）大种油身品系、细种油身品系。常绿小乔木；枝扩展或下垂，有刺。叶互生，单身复叶，叶片近革质，椭圆形、卵形或披针形，长通常4～8厘米，宽2.5～3厘米，顶端钝，常凹头，基部楔尖，边缘有圆齿或钝齿，很少全缘；叶脉至叶片顶部凹缺处常叉状分枝，侧脉清晰；羽叶狭长或仅有痕迹，与叶 片相联处有关节。花春夏间开放，白色，两性；1～3朵腋生；花萼长约3毫米，不规则5～3裂；花瓣长圆形，长不超过1.5厘米；雄蕊20～25枚。

（2）品质特性：果实扁圆形，质地软，表面油胞凸出，有油光感，皮色橙黄色至大红色。大种油身品系单果重125～175克、果形指数0.7～0.8、可溶性固形物含量10.5%～12.5%、固酸比12～18；细种油身品系单果重100～150克、果形指数0.7～0.8、可溶性固形物含量10.5%～12.5%、固酸比13～18。

新会陈皮是其果皮经晒干或焙干后的陈年贮存品，传统按其规格质量分为头红、极红、苏红、二红、拣红、青皮六种货式。按采收时期可分为柑青皮、微红皮和大红皮等三种货式。从果顶正三瓣开皮，留果蒂部相连，反皮，自然晒干和自然贮存即可。

推广情况

种植面积约4万亩，柑果年产量达4万吨。2006年获得国家地理标志保护产品认证。

四会贡柑

品种来源：四会市地方品种

联 系 人：四会市农业局

特征特性

（1）形态特征：据传是橙与桔的自然杂交种，具有橙与桔的双重优点，其栽培历史悠久，明清时代被列为朝庭贡品而故名。树势中等，枝梢粗壮、有刺、翼叶较暗，叶脉明显。果实中小中等，分椭圆形和亚球形良种，椭圆形果形指数0.89，单果重103～123克；果皮厚0.24厘米，果皮光滑，金黄色，甚为美观；亚球形单果重80～100克，果顶部浑圆，顶端浅；果基部钝圆，蒂周有短而浅的放射沟；果面浅橙色至深橙色，平滑，富光泽，油胞微或平生，点浅小、稀疏；果皮薄，厚0.15～0.20厘米，包着坚实，较易剥离；中心柱较小，半空虚或充实；囊瓣8~13瓣，囊壁薄，质脆；果肉橙色，脆嫩化渣，味甜，有香味。种子数5～8粒，较大，倒卵形，多胚，子叶乳白色。

（2）生长特性：3月下旬至4月上旬开花，11月下旬开始成熟，12月上、中旬为适收期，宜选择土层深厚，保水排水性能良好的肥沃土壤种植。

（3）品质特性：果实可食率82%；果肉橙色，肉质透明，爽脆化渣多汁，味甜有桂香味；果汁可溶性固形物含量10%，果汁含全糖8.6%、果酸0.3%。果实较不耐贮藏，贮藏果易失去原来特有风味。

（4）生产性能：产量中等，盛产期一般亩产1000公斤左右。

推广情况

21世纪初期，四会市柑桔种植面积23万亩，年总产量18万多吨。近十多年受柑橘黄龙病爆发等因素影响，数量锐减。2003年成功申领原产地标记注册证。

蕉柑

品种来源：潮州市地方品种

联 系 人：潮州市农业局

特征特性

（1）形态特征：树冠圆头形，略开张。枝梢较密集。叶片披针状或长椭圆形，两端渐尖。果实亚球形或高扁圆形，果实大小及形状因品系、株系及类型不同而异，纵径5.0～7.15厘米，横径5.3～7.5厘米，单果重105～150克；果面橙色，较粗糙，油胞细密、凸起，多凹点；果皮包着紧，厚0.3～0.45厘米，尚易剥离；中心柱较小，半空虚；囊瓣10～12瓣，囊壁薄至中等厚，质脆。每果种子1～8粒，子叶乳白色或淡黄绿色。

（2）生长特性：果实成熟期为12月下旬至翌年1月。

（3）品质特性：果肉深褐色，柔嫩，汁多，味浓、酸甜，渣少，有微香，品质佳。果实可食率67.5%～75.5%，出汁率45.7%～52.8%，每100毫升果汁含糖7.5～10.5克、柠檬酸0.40～0.95克、维生素C 29.5～39.4毫克、可溶性固形物10%～13%。

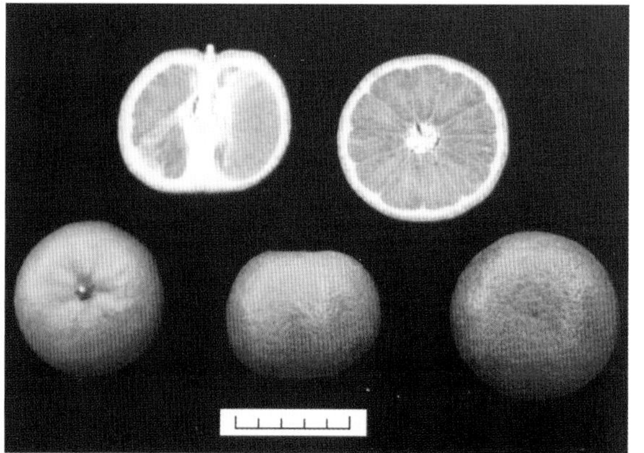

（4）生产性能：丰产稳产，无核优质，耐贮运，成熟上市期晚，供应期长。

推广情况

潮州市种植面积约5万亩。2014年和2015年广东省农业主导品种和主推技术。

紫金春甜桔

品种来源：紫金县地方品种

联 系 人：紫金县农业局

特征特性

（1）形态特征：该品种为广东紫金县于20世纪60年代从当地晚熟甜桔品种“三月红”中选育出，1985年通过省级鉴定。树冠圆头形。枝密，较细长。叶片长椭圆形，长7.0～8.5厘米，宽2.5～3.0厘米，先端凹口明显。果实高扁圆形，较小，纵径3.0～3.5厘米，横径4.0～5.5厘米，单果重45～70克；果顶部平，顶端微凹；果基部平圆，蒂部浅凹，有短而浅的放射沟纹；果面橙黄色，平滑，油胞平生；果皮薄，易剥离；中心柱空虚，果肉软，味清甜。种子少，平均每果1.7粒（成片栽培近无核）。

（2）生长特性：迟熟，果实在翌年2月下旬至3月上旬成熟。

（3）品质特性：每100毫升果汁含全糖11.3克、柠檬酸0.30～0.54克、维生素C 22.7毫克，可溶性固形物12%～13%、固酸比29.7。

（4）生产性能：一般种后第3年开始投产，单株产量4～7公斤，4年生树株产15～20公斤，7～8年生树株产可达35～40公斤，最高60公斤。

推广情况

紫金县春甜桔种植面积近5万亩。

马水桔

品种来源：阳江地方品种

联 系 人：阳江市农业局

特征特性

（1）形态特征：又名阳春甜桔、马水甜桔。树势强，树姿较开展。树梢细长，较硬，无刺。叶片卵状椭圆形，先端钝尖，凹口明显，基部广楔形。树冠圆头形。枝密，较细长。叶片长椭圆形，长7.0～8.5厘米，宽2.5～3.0厘米，先端凹口明显。果实圆形，较小，纵径3.0～4.1厘米，横径4.7～6.1厘米，单果重40～80克；果顶部平，顶端浅凹；果基部平圆，蒂周有放射沟纹；果表面平滑，光亮，橙黄色；果皮极薄，橘络较少；果肉柔软，汁较少，清甜，果渣较多，果实极少核至无核。

（2）生长特性：果实在翌年1月下旬至2月上旬成熟。

（3）品质特性：每100毫升含全糖12.19克，总酸0.32克，维生素C 19.6毫克，固酸比40.7，糖酸比37.8，可溶性固形物13%左右。

（4）生产性能：早结，丰产，稳产，定植第3年株产可达10～15公斤，第5年进入盛产期，株产可达30～40公斤，亩产3000～4000公斤，最高亩产达6500公斤。

推广情况

阳春市马水桔种植面积达20多万亩。

龙门年桔

品种来源：广东地方品种

联 系 人：龙门县农业局

特征特性

（1）形态特征：芸香科、柑橘属，果实正当农历除旧岁迎新年期间成熟，故名。过去采收时往往带绿叶两片，取其好意，又名叶桔。常绿小乔木，植株生长壮旺，树冠圆头形，枝条直立披张而密，发梢力强，每年可发3～4次新梢。叶长卵形。花小，花径2.5厘米左右，白色，着花多。果扁圆形，纵径2.9～3.3厘米，横径3.9～4.5厘米，单果重25～36克；果顶广平，顶端微凹；果基部平或微凹。皮薄而光滑，果色橙黄，油胞小而平生，皮极易剥离。囊瓣饱满，色橙黄，一般9～12瓣，汁胞柔软多汁。核小，胚为深绿色。果心不充实，瓢囊易分离。每果种子12～20粒。

（2）生长特性：果实在1月份至翌年3月中下旬成熟。

（3）品质特性：果实甜酸可口，每100毫升果汁含糖9.2～11.1克、柠檬酸0.8～1.5克、维生素C 36～40毫克，可溶性固形物10.5%～12.0%，渣较多。

（4）生产性能：单果重35～60克，盛产期单株产量40~80公斤。

推广情况

龙门县年桔种植面积约12万亩。2007年获得国家地理标志保护产品认证。

郁南无核砂糖桔

品种来源：郁南县地方品种

联 系 人：郁南县农业局

特征特性

（1）形态特征：砂糖桔为广东农家品种十月桔的少核芽变类型，原产广东四会市，因果实浓甜，故名。树势中等，树姿略开张。树梢较细密，无刺。叶片较宽大，卵状椭圆形，先端渐尖或钝尖，凹口浅，基部广楔形。果实小，高扁圆形，纵径2.7～4.7厘米，横径3.5～5.0厘米，单果重35～58克；果顶部平，顶端浅凹，有短而浅放射状沟纹；果基部平或浑圆，果蒂平贴果面；果面橙色，富光泽，较粗，油胞细密，凸生；果皮包着较紧，易剥离；种子少，无核率多年达100%。

（2）生长特性：果实在12月上旬成熟。

（3）品质特性：果肉橙红色，柔软，汁多，化渣，浓甜微香。每100毫升果汁含糖11.0～12.5克、柠檬酸0.3～0.4克、维生素C 25.40～29.27毫克，可溶性固形物含量12%～14%。

（4）生产性能：定植后2～3年开始结果，常年亩产1000～1500公斤，4年以上盛产期可达2500公斤。

推广情况

郁南县种植面积达30万亩。2008年获得国家地理标志保护产品认证。

化橘红

品种来源：茂名市地方品种

联 系 人：茂名市农业局

特征特性

（1）形态特征：化橘红属芸香科柑橘属柚种。枝梢生长状态直立，分枝较少。叶近棱形，叶尖钝尖，果不正梨形，果面茸毛多、长、密，印圈下凹。烘干果皮黄，毛白。

（2）生长特性：花期一般在2～3月。从经济价值和产品有效成分含量两方面综合考虑，一般采收期在5月初至6月中旬，可进行分次、分级采收，果实达到160～180克（拳头大小）即可进行采收。

（3）品质特性：橘红为芸香科植物化州柚未成熟或近成熟果实经过加工变为著名道地药材。其具散寒、燥湿、利气、消痰功能，用于风寒咳嗽，喉痒痰多、食积伤酒、呕恶痞闷。其主要有效成分为柚皮苷、野漆树苷等黄酮类成分。果皮表面黄绿色或青褐色，密布茸毛，有小油室，气味芳香，味苦、微辛；总黄酮含量≥5.50%，柚皮苷含量≥5.00%，野漆树苷含量≥0.20%，挥发油含量≥0.50%。

推广情况

化州市种植面积8万亩。2006年获得国家地理标志保护产品认证。

红江橙

品种来源：廉江市地方品种

联 系 人：廉江市农业局

特征特性

（1）形态特征：又名廉江红橙、红肉橙。1971年在廉江红江农场19队橙园中选出的一个变异单株，属嫁接嵌合体变异。树势中等，树冠圆头形，较开展。枝条较短细而密，有短刺，叶片披针形，较小，翼叶不明显。果实圆球形或短椭圆形，纵径5.8～6.7厘米，横径6.3～7.1厘米，果形指数0.92，单果重137～181克；果顶圆平，有环状印圈；果面光泽，橙色，油胞小、平生或微凸；果皮厚0.3厘米，难剥离；果肉深橙色或橙红色。

（2）生长特性：果实成熟期为12月中下旬，可留树贮存至翌年1～2月。

（3）品质特性：果实质地柔软，化渣，汁多，微香，甜酸适中；种子长卵形，似柳橙。每100毫升果汁含糖11～12克、酸0.7～0.8克、维生素C 32毫克，可溶性固形物12%～14%。

（4）生产性能：生势壮旺、早结、丰产、稳产、植后第3年投产，第4年进入丰产期，6年生大面积丰产园平均亩产2083公斤，高产果园亩产4300公斤。

推广情况

目前红江农场种植红江橙达18428亩，并已推广到南方5个省45个县市，种植面积达100万亩。1986年红江橙的选育与推广获农业部科技进步一等奖，1987年获国家级科技进步二等奖，2004年获得国家地理标志保护产品认证。

长坝沙田柚

品种来源：韶关地方品种

联 系 人：韶关市农业局

特征特性

（1）形态特征：枝叶繁茂，四季常青，成年树高5～7米，树冠高大圆头形半球形、扁圆形开张或半开张，长势强健。旺盛枝梢较密，幼龄树枝干上有小刺。叶卵圆形，先端尖圆、叶翼中等、人心形，叶缘波浪形、锯齿较浅、翼叶大。花白色，花瓣4～5片。果实单果质量≥900克，果型端正，呈梨形或近梨形，果顶中心的微凹印似古金钱。果肉蜜黄色且有光泽。果皮洁净。口感质脆化渣、清甜爽口不溢汁，有香蜜味。

（2）生长特性：采摘期10月下旬到11月上旬。

（3）品质特性：可溶性固形物18%以上，柚果总酸0.24%，维生素C含量13.02毫克/100克，柚果总糖123.3克/升，粗蛋白1.30%，钙15.27毫克/100克，还富含维生素B_1、维生素B_2、维生素P和胡萝卜素及磷、铁、硫、钾等各种矿物质。

推广情况

长坝村现有沙田柚种植面积约15000亩。2010年获得国家地理标志保护产品认证。

大鸡心黄皮

品种来源：广州市地方品种

联 系 人：广州市农业局

特征特性

（1）形态特征：又称金鸡心黄皮，主产于广州新滘大塘村。树势健壮，树冠开张，树高达4～6米。叶为互生的奇数羽状复叶，小叶5～13片，阔卵形或披针形。复总状花序，4月中下旬开花，花小、白色。果穗较大，果实形似鸡心，果皮较厚，蜡黄色，果肉黄白色，果汁多，味甜而胃酸，富有黄皮的特有香味，果肉质地结实，较耐贮运。每果含种子2～4粒。

（2）品质特性：果实可食率47%～62%，含可溶性固形物12.0%～16.7%，全糖10.55%，酸1.02%，果肉维生素C含量35.15毫克/100克 。

（3）生产性能：单果重8克，大的可达15克，单穗重500克以上，平均亩产约750公斤。

推广情况

是广东黄皮的主栽品种，种植面积达6万亩以上。

郁南无核黄皮

品种来源：郁南县地方品种

联 系 人：郁南县农业局

特征特性

（1）形态特征：原产郁南县建城镇，1960年全省水果资源普查时被发现选出。树势强健，树冠开张。叶为互生的奇数羽状复叶，小叶9～13片，阔卵形，叶缘呈波浪形，微卷。复总状花序，花小、白色。果穗较大，但结实疏散。果实大而均匀，一般单果重9～10克，大的可达16～18克。果实充分成熟时向阳面橙色，皮较厚，不易裂果，果肉橙色，肉质结实嫩滑，含纤维少，风味甜酸可口。绝大多数果实无核，少数具1粒退化种子。

（2）生长特性：4月上中旬开花。

（3）品质特性：果实可食率85%，含可溶性固形物17.5%，全糖11.10%，酸1.21%，果肉维生素C含量35.80毫克/100克。

（4）生产性能：一般种植3年开始投产，第7年进入盛产期，亩产稳定在1000公斤左右。

推广情况

郁南县常年种植面积6.8万亩。2004年获得国家地理标志保护产品认证。

桂味荔枝

品种来源：广州市地方品种

联 系 人：广州市农业局

特征特性

（1）形态特征：植株高大，500余年生树高16米，冠幅13米，主干周径约2.3米，树皮灰褐色，较平滑；枝条疏散细长，易折断，略向上举。小叶2～3对，对生、间或互生，长椭圆形较疏生，叶色淡绿，有光泽，长7～9厘米，宽2.5～3.8厘米，边缘向内卷，先端短尖。花枝细长，花序长约23厘米。果圆球形或近圆球形，中等大，纵径2.9～3.7厘米，横径3.2～3.4厘米；果皮浅红色，皮薄且脆，龟裂片凸起呈不规则圆锥形，近果顶及果蒂部龟裂片较细密，向果中部逐渐增大，裂片峰尖锐刺手，裂纹显著，缝合线明显，窄深且有些凹陷；果肩平，果顶浑圆，果梗直径2.1毫米，果蒂直径3.3毫米，种柄细而不明显；果肉乳白色，厚约1.1厘米，种子有正常发育（大核）与退化（焦核）两种，正常发育的种子长椭圆形，长1.2～1.8厘米，宽0.6～0.9厘米，平均重0.4～0.6克。

（2）生长特性：广州地区3月下旬至4月下旬开花，花期25～30天。6月下旬至7月上旬果熟，属优质的中熟品种。适应性强，山地、平原均能生长良好，特别是在花期较干旱的地区更宜发展，缺点是大小年结果现象明显。

（3）品质特性：肉质爽脆，清甜多汁、有桂花香味，可食部分占全果重的78%~83%，含可溶性固形物18%~21%，100毫升果汁含维生素C 29.48毫克，酸0.21克；味香甜爽脆，品质风味极佳。

（4）生产性能：平均单果重17克，产量中等。

推广情况

广州市从化、增城、花都区等均有大面积种植。

糯米糍荔枝

品种来源：广州市地方品种

联 系 人：广州市农业局

特征特性

（1）形态特征：又称米枝，古称水晶丸。植株生势壮旺，树冠半球形，30年生树高5米，冠幅6～8米，主干周径96厘米，树皮黑褐色，稍粗糙，一年生枝条黄褐色，有细密的斑点状皮孔，枝细密、柔软下垂。小叶2～3对，对生或互生，披针形，叶缘呈微波纹状，长6～9厘米，宽2～3厘米，先端尖。花枝细长，花序长11～31厘米。果大，扁心形，纵径3.2～3.7厘米，横径3.2～3.6厘米，平均单果重25克；果形整齐；果皮鲜红色，龟裂片明显隆起，呈狭长形，纵向排列，裂片峰尖平滑，缝合线较明显；果肩一侧显著隆起，蒂部略凹，果顶浑圆，果梗细长，直径2毫米，与果肩形成斜角（约45度），果蒂直径3毫米，种柄细而不明显；果肉乳白色，厚1.0～1.8厘米。种子小，常退化或中空，长1.7厘米，宽0.8厘米，平均重0.6克。

（2）生长特性：广州地区3月下旬至4月下旬开花，花期20～25天。6月下旬至7月上旬果熟。耐旱性强。

（3）品质特性：肉质软滑，多汁、味浓甜，可食部分占全果重的82%～86%，果肉可溶性固形物含量19%～21%，维生素C含量20.4～30.8毫克/100克，总酸含量0.2%。

（4）生产性能：单果重约25克，产量中等。

推广情况

广州市从化、增城、花都等区均有大面积种植。

妃子笑荔枝

品种来源：广州市地方品种

联 系 人：广州市农业局

特征特性

（1）形态特征：植株生势壮旺，50年生树高6米，冠幅9.5米，主干周径约1.7米，树皮灰褐色，平滑；枝条粗硬举。小叶3～4对，多为对生，长椭圆状针形或披针形或倒披针形，叶片较大，长10～16厘米，宽2.5～6.5厘米，先端渐尖。花序长约18.5～32厘米，花枝细长。果大，近圆形或卵圆形，纵径4.0厘米，横径3.8~4.0厘米，果形整齐；果皮浅淡红色，皮薄，龟裂片凸起，大小不一，裂片峰细密，锐尖而刺手，裂纹细而明显，缝合线不甚明显；果肩一边高，一边平而阔，果顶浑圆或钝，果梗直径3毫米，果蒂直径4毫米；果肉乳白色，厚约1.0～1.5厘米。种子有长卵形，多不饱满，长2.2厘米，宽1.1厘米，平均重1.4克。

（2）生长特性：广州地区3月中旬至4月下旬开花，花期约35天。6月上、中旬果熟。耐肥，在水肥充足的地方生长良好。

（3）品质特性：果大，肉厚，色泽鲜艳，核小，爽甜，软滑，多汁，味清甜带香，可食部分占全果重的79.4%～82.5%，含可溶性固形物18.4%～19%，100毫升果汁含维生素C 46.20～60.28毫克，酸0.23～0.35克；品质风味优良，最宜鲜食。

（4）生产性能：单果重25克左右，产量较低，较惹虫。

推广情况

广州市从化、增城、花都等区均有大面积种植。

挂绿荔枝

品种来源：广州市地方品种

联 系 人：广州市农业局

特征特性

（1）形态特征：挂绿为广东荔枝名种之一，公元12世纪之前已有栽培。树势生长壮旺，树冠半圆形，树皮黑暗褐色，枝条灰褐色。小叶2～3对，披针形，长7～11厘米，宽2.5～5厘米，先端渐尖。花序细；花枝短小且疏散。果近卵圆形或近圆形，中等大，纵径3.3厘米，横径3.1～3.3厘米，平均单果重20克；果皮暗红带绿色，较薄，龟裂片大近于平坦并在中部向内微凹，裂片峰毛尖或为稀疏的细而尖的突起，裂纹明显，缝合线稍明显；果肩一边微耸，一边稍凹，果顶浑圆，果梗直径2毫米，果蒂直径3毫米；果肉乳白色，厚0.6～1.0厘米；种子饱满而略扁，长2.0厘米，宽1.4厘米，平均重2.9克。

（2）生长特性：早熟，广州地区及惠州地区4月上旬至下旬开花，个别年份3月中旬始花，花期约25天。6月下旬至7月上旬果熟。大小年结果明显，但适应性较强。

（3）品质特性：肉质爽脆，甜带微香，品质较佳，果实耐贮藏。可食部分占全果重的70.8%～74.5%，可溶性固形物含量18.1%～28.9%；100毫升果汁含维生素C 13.38～26.40毫克，酸0.16克。

（4）生产性能：产量较低，核稍大。

推广情况

目前仅增城和惠州有少量种植。

新兴香荔

品种来源：新兴县地方品种

联 系 人：新兴县农业局

特征特性

（1）形态特征：新兴县200余年生老树树高约高7米，树冠半球形，冠幅12米，主干周径约1米，树皮深褐色，枝条细而密，叶浓绿色。小叶2~3对，对生或互生，披针形或椭圆形，长5~15厘米，宽2~4厘米，先端渐尖，主脉明显。花枝细弱，花序长约22厘米。结果枝细长而下垂。果小，长卵性，纵径2.8厘米，横径2.5~2.6厘米，平均单果重10克；果皮深红色，皮薄，龟裂片隆起，较密，裂片峰钝或锐尖，大小较均匀，裂纹深而明显，缝合线除果顶部外，其余不太明显；果肩平，果顶钝，果梗直径1.8毫米，果蒂直径2.6毫米，种柄不甚明显；果肉白蜡色，厚约1.2厘米。种子小，常退化，一般种子长1.0~1.3厘米，宽0.3~0.6厘米，平均重0.4克。肉厚，核小。

（2）生长特性：一般为2月下旬至3月中旬开花。六月果熟，属迟熟品种。果小，产量一般，宜繁殖推广。大小年结果明显，易落果及裂果，抗寒力较弱。

（3）品质特性：肉质爽脆，多汁、味清甜而带香，可食率75%，可溶性固形物含量18%，100毫升果汁含维生素C 21.12毫克、酸0.33克。

推广情况

2017年新兴县可结果面积0.4万亩，坐果果树面积0.2万亩。2008年获得国家地理标志保护产品认证。

石硖龙眼

品种来源：原南海平洲镇地方品种

联 系 人：佛山市南海区农林渔业局

特征特性

石硖龙眼（又名十叶、石圆、脆肉）原种南海平洲镇，栽培历史悠久，有3个品系。

黄壳石硖：树干枝粗壮而稍疏。叶色浓绿，小叶8～10片，呈长椭圆形，小叶较厚硬，叶缘略有波纹状。叶脉黄白色且特别明显，主脉凸。果穗长大，坐果较疏散。果壳深黄褐色，较厚。在石硖3个品系中以黄壳石硖的果最大，平均单果重8～11克。果肉厚，白蜡色稍透明，肉质爽脆，果汁少，味清甜香浓味，品质上乘。耐贮藏。焙干率高，是制桂圆肉的好品种。早熟，在广州和中山8月上旬成熟，在粤西地区7月中旬成熟。因该品种早熟，品质优，果较大，市场竞争力强，卖价高。但果实较小，在市场上卖相比不上储良和泰国龙眼。

青壳石硖：小叶较黄，叶脉青绿色，坐果密集，座果率高，丰产稳产，但果较小，平均单果重7～8克。果皮较薄，外皮呈青绿色底色带黄褐斑，呈青褐色。果肉、肉质稍软，果汁较多，品质中上。抗逆性比黄壳石硖龙眼强，种植在旱瘦的红壤山地生长较好。果实在8月上旬成熟，果肉适于加工制罐头，不适宜焙制桂圆肉。

宫粉壳石硖：树势旺，枝条较纤细而密，叶片较大，叶背灰白色，果皮红褐色而被有灰粉，壳厚而脆。果型小，单果重8～9克。肉厚爽脆，甜香，果汁较多。着果密、产量高，8月上中旬成熟。

推广情况

广东、广西主栽品种。

储良龙眼

品种来源：高州市地方品种

联 系 人：茂名市农业局

特征特性

（1）形态特征：储良龙眼原产于高州市分界镇储良村，母树系村民莫耀坤用圈枝苗种植，1976年发现并记载。无性系（嫁接树）后代树势中等，树冠半圆形、开张。枝条、树皮较粗糙，枝条节间较短，分枝多。叶片深绿色有光泽，小叶6～8片，中等大。果穗紧凑，每穗果20～50粒不等，着粒较密，果粒大小均匀。果大，平均单果重12～14克，果实纵径2.2～2.5厘米，横径3.0～3.3厘米，侧径2.2～2.4厘米，扁圆形。果皮黄褐色，较平滑。

（2）生长特性：高州地区多数年份成熟期为7月底至8月上旬，早熟。在珠三角地区是8月中下旬成熟。早结丰产性能好。

（3）品质特性：果肉厚0.65～0.76厘米，白蜡色，不透明，易离核，肉质爽脆，果汁较少，剥果皮厚置于纸上不湿，清甜带蜜味，有龙眼特殊果香。果汁含可溶性固形物20%~22%，最高达24%。果肉全糖含量18.6%、总酸含量0.1%、维生素C含量44~52毫克/100克。果实可食率69%~74%，鲜食品质上等。种子较小，棕黑色，果实制干率高。

果大质优，鲜食风味比泰国龙眼好。是鲜食与加工兼优的良种，果肉制成桂圆肉，黄净半透明，肉身后，肉脯粒间不会互相粘连，干爽耐贮，可制出一级至特级的桂圆肉。

（4）生产性能：丰产性强，嫁接苗3年挂果，6年盛产，20年树单株年产量可达200～300公斤。

推广情况

分布于广东、海南、广西、福建、云南等省区，总推广种植面积超过200万亩。2000年获得全国农牧渔业丰收奖二等奖。

草铺龙眼

品种来源：潮州市地方品种

联 系 人：潮州市农业局

特征特性

（1）形态特征：粤东地区主栽品种，原产潮安县枫洋镇。树势旺盛，树冠圆头形。小叶卵状，呈长椭圆形8片。单果重6.7～8.0克，果皮赤褐色或黄灰褐色。果肉浅黄色半透明，较易离核。

（2）生长特性：果实成熟期8月下旬至9月上旬，中迟熟种。果实成熟后可留在树上至中秋节后采收，仍不影响果实品质。

（3）品质特性：肉质脆嫩甜，品质上。果实可食率63.7%，果肉含可溶性固形物18.9%～19.8%。适于鲜食。

推广情况

全省种植面积约3万亩。

胭脂红番石榴

品种来源：引进品种

联 系 人：广州市农业局

特征特性

（1）形态特征：原产美洲，200多年前引入广州。有宫粉红、全红、出世红和大叶红4个品种。常绿小乔木，树高4~8米，树皮光滑。分枝较多，嫩梢四棱形。叶对生。单花或多花，着生于结果枝基部，花白色。果实长颈倒卵形或倒卵形，平均单果重91.3克。果实成熟时果皮光滑，黄色并带有不均匀玫瑰红色，向阳面红色较浓。

（2）生长特性：在广州3~4月开花，7月下旬成熟。

（3）品质特性：果肉淡黄白色，肉质嫩滑，味清甜而香，汁液较多。含可溶性固形物9.2%，全糖7.48%，酸0.24%，果肉维生素C含量98.15毫克/100克。

推广情况

主要分布在广州市海珠区、番禺区和增城区。

樟林番荔枝

品种来源：引进品种

联 系 人：汕头市澄海区农业局

特征特性

（1）形态特征：主产澄海樟林，原种为200多年前由澄海县东里镇东和乡旅泰华侨从泰国引进。半落叶性乔木，树高5～6米。分枝多，枝条细软下垂。叶为羽状复叶，互生，椭圆状披针形。花单生或簇生，异花授粉。果实心脏形，单果重100～350克，大的可达500克，果实由复合心皮和花托组成，每个心皮内有种子1粒，间有无种子的心皮，果皮呈瘤状突起，各心皮间界限明显。成熟时心皮容易开裂，果肉淡黄奶色，味甜蜜有芳香。

（2）生长特性：花期较长，从4月中旬至8月中旬陆续开花，但以6月上中旬开花结果为主，10月上中旬果熟。

（3）品质特性：果肉可食率67%，含可溶性固形物26.0%，全糖16.78%，酸0.14%，果肉维生素C含量2.00毫克/100克。

（4）生产性能：种后2年可开花结果，第3～6年为初果期，平均亩产150～350公斤，7～15年为盛果期，每公顷产量可达6000～11250公斤。

推广情况

广东种植面积约2万亩，其中汕头澄海种植面积超过全省1/2。

神湾菠萝

品种来源：中山市地方品种

联 系 人：中山市农业局

特征特性

（1）形态特征：神湾菠萝属于凤梨属皇后类神湾种。神湾菠萝原有两个品种，一种果大，食后感觉麻口，称为旧种，现已无存；另一种是新品种，又称“金山种”即现闻名的神湾菠萝。茎短。叶多数，莲座式排列，剑形，长40～90厘米，宽4～7厘米，顶端渐尖，全缘或有锐齿，腹面绿色，背面粉绿色，边缘和顶端常带褐红色，生于花序顶部的叶变小，常呈红色。花序于叶丛中抽出，状如松球，长6～8厘米，结果时增大；苞片基部绿色，上半部淡红色，三角状卵形；萼片宽卵形，肉质，顶端带红色，长约1厘米；花瓣长椭圆形，端尖，长约2厘米，上部紫红色，下部白色。聚花果肉质，长15厘米以上。

（2）生长特性：花期夏季至冬季。亩产约1500公斤。

（3）品质特性：果黄色，果眼浅，果芯脆，可食用。果肉中含全糖12%～16%、有机酸0.6%、蛋白质0.4%～0.5%、粗纤维0.3%～0.5%，并含多种维生素，其中维生素C含量可高达42毫克/100克。此外，钙、铁、磷等含量丰富。

推广情况

中山市神湾镇种植面积约3000亩。2016年获国家地理标志保护产品认证。

冬节圆橄榄

品种来源：普宁市地方品种

联 系 人：普宁市农业局

特征特性

（1）形态特征：主产普宁市梅塘镇。树势强健，树高8～10米，树冠圆锥形。叶片较长，小叶对生，革质，披针形；在结果枝的叶腋间抽生复总状花序。果实长椭圆形，平均纵径3.4厘米，横径2.1厘米，单果重9克左右。成熟果实果皮黄绿色，肉脆、纤维较少、化渣、甘甜、回味浓，肉核不易分离。

（2）生长特性：5月底初花，6月上旬盛开。

（3）品质特性：果实可食率80%，含可溶性固形物12.0%，全糖2.27%，酸1.41%，果肉维生素C含量2.15毫克/100克。

推广情况

普宁市种植面积约3万亩。2011年获得揭阳市科技进步奖一等奖。

三捻橄榄

品种来源：汕头市地方品种

联 系 人：汕头市农业局

特征特性

（1）形态特征：1750年在汕头市金灶镇西部瓠靴山被发现。植株高大、树势健壮，树冠半圆形。叶为奇数羽状复叶，小叶11、13片或15片，多为13片，革质，披针形；小叶长11.2厘米，宽4.0厘米。叶面浓绿，主脉凸起，侧脉稍突起，叶面平整，主脉两侧宽窄较对称；叶背主脉及侧脉均明显凸出。花为总状花序及聚散花序。果实长卵形，纵径3.9厘米，横径2.1厘米，果形指数1.86。成熟果实果皮金黄色，大小较均匀，果形美观，果基较平、钝圆，部分果实可以竖放。自果基起有3个纵向圆弧棱微隆起，令果实的横切面略呈三棱状，果顶有3条相应的粗裂纹，因此称为“三棱榄”。

（2）生长特性：花期4月下旬至5月上中旬。

（3）品质特性：平均果重10.6克，果肉淡黄白色，酥脆化渣、榄香醇和、涩味适中、回味甘甜。含可溶性固形物12%，果实可食率82.84%，100克果肉含维生素C 18.64毫克、钙146.72毫克、蛋白质3.54毫克、纤维6.08克，维生素C和蛋白质含量分别相当于普通橄榄的225%和147%。

推广情况

汕头市种植面积5000多亩。2008年获得国家地理标志保护产品认证。

青皮油甘

品种来源：普宁市地方品种

联 系 人：普宁市农业局

特征特性

（1）形态特征：又名余甘子，主产普宁市梅塘镇。落叶性灌木，树冠开张雌雄异花同株，雄花单生或2～8朵簇生在一起，雌花常1朵或1～7朵簇生。果实圆球形，绿黄色，果较大，单果重9克左右。

（2）生长特性：3月中旬前后萌芽，11月落叶休眠。树梢顶部优势明显，每年抽发新梢3～4次。4月开花，8月果实发育完全，9～10月成熟。

（3）品质特性：果肉半透明，爽脆，化渣，粘核，甘甜可口，回味浓。果实可食率90%，含可溶性固形物10.0%，全糖4.35%，酸1.52%，果肉维生素C含量158.70毫克/100克。

推广情况

种植面积约1万亩。

西胪乌酥杨梅

品种来源：汕头市潮阳区地方品种

联 系 人：汕头市农业局

特征特性

（1）形态特征：原产汕头市潮阳区西胪镇，属常绿性灌木或小乔木。树皮灰色；小枝近于无毛。叶革质，倒卵状披针形或例卵状长椭圆形，长6～11厘米，宽1.5～3厘米，全缘，背面密生金黄色腺体。花单性异株；雄花序穗状，单生或数条丛生叶腋，长1～2厘米；小苞片半圆形，雄蕊4～6；雌花序单生叶腋，长5～15毫米，密生覆瓦状苞片，每苞片有1雌花，雌花有小苞片4，子房卵形。果实成熟前为红色，完全成熟时为紫黑色，近圆球形，纵径3.15厘米，横径2.95厘米，平均单果重9.20克；果柄粗而短，蒂部有突起物，果肉厚，质地细软，汁多味甜，有香味，品质佳。核小，质地酥脆。

（2）生长特性：花期（雨水前后）2月中旬至3月上旬；果实生长期4～6月，果实成熟期（芒种前后）5月下旬至6月下旬。适应性强，粗生易种，早结丰产，品质优良，为中熟良种。

（3）品质特性：果实可食率90%，含可溶性固形物13.4%，酸0.75%，果肉维生素C含量51.57毫克/100克。

（4）生产性能：嫁接后2～3年开始结果，一般株产30～40公斤，15年生植株产可达130公斤。

推广情况

种植面积约700公顷，年产量160万公斤左右。2011年被批准为地理标志保护产品

青蒂杨梅

品种来源：汕头市地方品种

联 系 人：汕头市农业局

特征特性

（1）形态特征：别名三月红，深青蒂、凸青蒂。近百年前在金灶镇山区由单株杨梅变异发育而成。枝条翠绿，比乌梅浅色。叶卵状倒披针形，全缘，先端钝圆，少数钝形渐尖。叶长4.7～8.8厘米，宽1.4～2.4厘米，长宽比3.7。果实近圆形，表面无小浅沟，果蒂基部2～3毫米，凸高2毫米，成熟时呈青色。果径2.4～2.9厘米，果厚2.0～2.7厘米，每公斤100～120粒。成熟时除蒂外，果表面呈鲜红至紫红。

（2）生长特性：成熟期在小满至芒种季节。

（3）品质特性：核硬,果肉厚，质脆，结实，酸甜可口。含水量低，耐贮藏。果实可食率84%，含可溶性固形物9.0%，全糖6.2%，总酸1.5%。

（4）生产性能：高产稳产，树冠冠幅4.1米×3 .6米、树高3米的植株年产量90公斤。青蒂杨梅树体强健，耐贫瘠、耐瘦、耐寒、耐旱，适应性广，易于栽培。

推广情况

主要分布于潮阳地区，种植面积约1万亩。

白毛茶

品种来源： 来源于乐昌、仁化、乳源等县域深山密林野生群体

联 系 人： 仁化县农业局

特征特性

（1）形态特征： 白毛茶按叶片形态可划分为大叶白毛、尖叶白毛、小叶白毛，按地域可分为乐昌白毛、仁化白毛、乳源白毛等类型。野生茶树主要以大叶白毛类型最多，半乔木，树型高大，分枝稀疏，节间较长，嫩芽肥硕，相当部分品种一芽三叶百芽重在12克以上，嫩叶大多数在夏秋季呈不同深度的紫色，成熟叶大而厚，叶色深浅不一，质地多硬脆，小部分品种叶长可达25厘米以上，叶背茸毛密披。

（2）生长特性： 茶多酚含量多在30%以上，少部分品种高达40%，氨基酸和咖啡碱含量也普遍较高。

（3）生产性能： 适制红茶、白茶和绿茶，成茶一般具有天然花香或药香。

推广情况

近年来，广东省农业科学院茶叶研究所的茶树育种团队联合仁化县人民政府、仁化县农业局等单位，从仁化野生白毛茶群体中选育出“丹霞1号”和“丹霞2号”2个省级优良红、白茶新品种，制红茶外形秀丽，金毫厚披，色泽鲜润，具有天然玫瑰香，制白茶外形肥硕、白毫满披、滋味甜醇鲜爽，具有天然兰花香，该两个品种产量高、繁殖性好、适应性强，宜在华南、西南等大叶茶茶区推广，目前已成为白毛茶产区的当家品种和广东省主推品种，省内推广面积达1.64万亩。针对白毛茶的利用，目前有广东丹霞天雄茶叶有限公司开发的“丹霞岩红”“丹霞玉芽”，仁化县红山镇富农茶叶专业合作社开发的“白毫银针”等知名红、白茶产品。利用白毛茶制作的“丹霞岩红”“丹霞玉芽”分别获中茶杯特等奖和银奖。2013年，仁化白毛茶注册为国家地理标志保护产品。

英德红茶

品种来源：云南大叶与凤凰水仙优良群体，产于粤北英德市

联 系 人：英德市农业局

特征特性

英德红茶产于广东省英德市，是英德特产之一，所栽培的茶树以云南大叶与凤凰水仙两个优良群体为基础，选取其一芽二、三叶为原料，经适宜萎凋、揉切、发酵、烘干、复制、精选等多道工序精制而成。外形紧结重实，色泽油润，细嫩匀整，金毫显露，香气鲜纯浓郁，花香明显，滋味浓厚甜润，汤色红艳明亮，金圈明显，叶底柔软红亮，特别是加奶后茶汤棕红瑰丽，味浓厚清爽，色香味俱全(佳)，较之滇红、祁红别具风格。含咖啡碱4.12%、氨基酸1.8%、茶多酚21%、茶黄素0.8%~1.2%、茶红素8%~12%、水浸出物38.16%，达到国际高级红茶质量水平。

推广情况

2007年，英德红茶被评为国家地理标志保护产品，是当时省内为数不多的国家地理标志保护产品之一。英红九号是英德红茶的标杆，已成为国内外知名的区域公共品牌。2014年，广东省农业科学院茶叶研究所和广东鸿雁茶业有限公司生产的“鸿雁”牌英红九号获得首届广东“十大名牌”称号。目前英德全市茶园面积有7万多亩（其中英红九号5万多亩），年产量4000多吨。广东省农业科学院茶叶研究所和广东鸿雁茶业有限公司生产的“鸿雁”牌英红九号拥有“金毫”“金毛毫”“金英九”“英红九号”等多个等级的系列产品，该品牌的成功示范带动了一批英德茶企的发展。此外，广东省农业科学院茶叶研究所经几代科技人员的努力，建立了“国家茶树种质资源圃华南分圃”和“广东省茶树资源库”，迄今收集了国内外野生茶树种质和地方品种1800多份，除英红九号外，近年来利用收集、保存的茶树资源陆续选育出英红1号、五岭红、秀红、鸿雁12号等高香型红茶新品种，以及高儿茶素、高茶多酚茶、高咖啡碱、高花青素、高叶绿素、无咖啡碱、苦茶等资源、黄叶茶等特色茶新品系，为广东省新一轮茶业发展储备了丰富的资源和强劲的科技力量。

凤凰单丛茶

品种来源：从凤凰水仙分离筛选的优异单株，原产潮安县凤凰镇，国家地理标志保护产品

联 系 人：潮州市潮安区农业局

特征特性

数代茶农从凤凰水仙品种中分离筛选出来的众多品质优异的单株，即“凤凰单丛”，归属乌龙茶类，有900多年的生产历史，源远流长，声誉远播，是我国茶树品种中自然花香最清高、花香类型最多样、滋味醇厚甘爽、韵味特殊的珍稀高香型名茶品种资源。根据单丛的香味品质可将其归纳为10多个类型，分别为黄枝香、芝兰香、蜜兰香、玉兰香、桂花香、姜花香、杏仁香、茉莉香、肉桂香、夜来香、苦茶以及奇兰香等。每个香味“表型”中，包含若干个同型单丛，但是同型的品质却是参差不齐，目前已被注册为国家地理标志产品。

推广情况

目前，潮州市凤凰单丛茶种植面积约15万亩，建成3个万亩茶叶生产基地，2个省极标准化示范区，形成潮安县凤凰镇、饶平县坪溪镇2个茶叶专业镇，100余个茶叶专业村。“凤凰单丛”地理标志保护范围已覆盖全市30个镇（场），茶园面积达到14.6万亩，茶叶产量超2.2万吨、产值约22亿元，产品远销世界30多个国家和地区。已审定的无性系单丛有岭头单丛（白叶单丛）、八仙单丛和乌叶单丛3个。自20世纪80年代开始，广东客家地区大力引进和改种凤凰单丛、岭头单丛，初步形成了大埔、兴宁、蕉岭3个单丛茶主产县，创制了多个广东省单丛茶名牌（农业类）产品，如雁南飞牌金单丛、西竺牌西岩单丛茶、西岩乌龙茶、岩中玉兔特种茶、黄枝香茶、华银牌阴那山单丛茶、龙星牌乌龙茶、凯达乌龙茶等。

2015年“凤凰单丛乌龙茶资源利用和品质提升关键技术及产业化”获广东省科学技术奖一等奖；2010年“凤凰单从红茶研制”获潮州市科技进步一等奖；2009年“广东岭头单枞茶加工工艺优化的关键性技术的研究与应用”获广东省科学技术奖三等奖；2003年“名优乌龙茶（单枞、黄金桂）加工创新技术研究与应用”获广东省科学技术奖三等奖；2010年，凤凰单丛茶获国家地理标志保护产品认证。凤凰单丛茶在历年的茶叶评比活动中获得国家及省名优茶、特等奖、金奖等称号。

客家小叶种茶

品种来源：粤北、粤东、粤中和粤西等客家地区地方品种

联 系 人：河源市农业局

特征特性

广东客家小叶种茶为灌木型，叶小而薄，分布较广，在粤北、粤东、粤中和粤西均有种植，多为种植在海拔200~800米的丘陵、缓坡地区，包括连州、阳山、连山、曲江、新丰、翁源、揭西、大埔、丰顺、平远、蕉岭、梅县、兴宁、五华、龙川、和平、东源、紫金、惠阳、博罗、龙门、阳春、电白等客家地区和半客家县。

客家小叶种传统的长炒青绿茶，具有与众不同的“炒米香”或“高火甜韵”品质特性，以丰顺马图茶、河源上莞茶、传统锅𫭢茶、锅𫭢百年茶树王茶、河源康禾茶等最为突出；“先烘后炒”型客家绿茶和乌龙茶，具有独特的“甜韵花香”品质，但“高火甜香”“炒米香气”较低，如清凉山绿茶、蕉岭黄坑绿茶、兴宁官田绿茶、五华天柱山绿茶、潭山水仙茶和大埔帽山茶等；近年来，也有发展现代清香型创新绿茶，特点是“清香醇爽”、色泽“三绿”，如翁源绿茶、现代马图绿茶等。

推广情况

客家茶生产遍及客家和半客家的每一个县区，形成梅县、平远、丰顺、翁源、东源5个客家绿茶主产县；创制了广东龙岗马山茶业股份有限公司的马山绿茶、河源市石坪顶茶业发展有限公司的石坪顶绿茶、紫金县黄花茶业有限公司的黄花绿茶、河源丹仙湖绿茶、连平岩仔茶、登云嶂黄金芽绿茶、石正云雾绿茶、七畲径绿茶、西岩绿茶、登云金雀绿茶、锅𫭢水仙绿茶、云溪圣峰绿茶、飞天马乌龙茶、松岗嶂红茶、三宝山乌龙茶等知名茶叶品牌。近年来，客家小叶种茶主产区梅州，为了整合资源，打造属于梅州地区的茶叶品牌，按照梅州市委、市政府的部署，梅州市农业局牵头组织市农科院于2013年4月成功注册了“嘉应茗茶”区域公共系列商标，包括“嘉应茗”“嘉应”“嘉应名”“嘉应绿”“嘉应红”“嘉应乌龙”等6个商标，“嘉应茗茶”成为梅州重点培育打造的区域品牌之一。

2015年“梅州市地方历史名茶资源的收集保存与开发利用”获梅州市科学技术三等奖；2014年“梅州市地方历史名茶资源的挖掘与推广应用”获广东省农业技术推广三等奖；2013年“甜香韵红茶加工技术研究及应用”获梅州市科技进步二等奖；2004年“仙湖名优绿茶生产技术研究及产业化开发”获广东省科学技术三等奖；2003年“仙湖名优绿茶生产技术研究及产业化开发”获河源市科技进步一等奖。

致谢

《广东省名优特农作物品种名录》（简称《名录》）编写工作，集聚整合了广东省农业科学院技术、推广、编辑、数字化等人力资源，发挥我院专家团队、数据查新、资料整合、文字编辑加工等人才优势，收录了水稻、旱作、蔬菜、果树等农作物共计200多个品种。其顺利出版有赖于各级领导给予的具体指导和大力支持。特别要感谢相关品种育成单位，感谢他们毫无保留地为《名录》的出版提供宝贵的第一手资料；同时，感谢提供并把关地方品种资料的各地市农业局相关工作人员，包括但不仅限于以下专家：陶敏、廖鉴湖、卢志进、李泉、曾海生、李茂、鲁浩平、徐校文、黄颖锋、李丽影、黄业崇、龙济纯、董春锋、吕国星、苏小丹、黄盛佳、李志斯；感谢对品种收录提出宝贵意见的同行专家以及为《名录》初稿提出宝贵修改意见的同行专家，包括但不仅限于以下专家：王丰、周少川、林青山、陈雄辉、胡建广、房伯平、郑奕雄、周桂元、李少雄、齐永文、张林、张长远、黎振兴、杨暹、林春华、何晓明、郑岩松、吴文、邱继水、黄秉智、唐翠明、罗国庆、吴华玲、姜晓辉。此外，感谢广东省农业科学院水稻研究所涂从勇、广东省农业科学院蔬菜研究所李明珠、广东省农业科学院农业经济与农村发展研究所王芬为《名录》收集大量品种信息。最后，感谢《广东农业科学》编辑部在此书编写过程中不遗余力的全面配合，逐一联系品种育成单位和各地农业管理部门收集了海量的品种素材，并对材料进行反复细致的编辑加工和校对。在此，谨向以上单位和个人表达最由衷、最诚挚的谢意！